别让负面情绪绑架你

吴鉴庭◎著

中国青年出版社

律师声明

北京市中友律师事务所李苗苗律师代表中国青年出版社郑重声明：本书由著作权人授权中国青年出版社独家出版发行。未经版权所有人和中国青年出版社书面许可，任何组织机构、个人不得以任何形式擅自复制、改编或传播本书全部或部分内容。凡有侵权行为，必须承担法律责任。中国青年出版社将配合版权执法机关大力打击盗印、盗版等任何形式的侵权行为。敬请广大读者协助举报，对经查实的侵权案件给予举报人重奖。

侵权举报电话

全国"扫黄打非"工作小组办公室　　　　　　中国青年出版社

010－65233456　65212870　　　　　　　010－50856057

http://www.shdf.gov.cn　　　　　　　　E－mail：bianwu@cypmedia.com

图书在版编目（CIP）数据

别让负面情绪绑架你/吴鉴庭著.—北京：中国青年出版社，2018.10

ISBN 978－7－5153－5341－8

Ⅰ.①别…Ⅱ.①吴…Ⅲ.①情绪－自我控制－通俗读物 Ⅳ.①B842.6－49

中国版本图书馆 CIP 数据核字（2018）第 232565 号

别让负面情绪绑架你

吴鉴庭／著

出版发行　中国青年出版社

地　　址：北京市东四十二条 21 号

邮政编码：100708

责任编辑：刘稚清

封面制作：李尘工作室

印　　刷：天津中印联印务有限公司

开　　本：710 ×1000　1/16

印　　张：15.5

版　　次：2019 年 3 月北京第 1 版

印　　次：2019 年 3 月第 1 次印刷

书　　号：ISNB 978－7－5153－5341－8

定　　价：48.00 元

前　言

现代社会，人际关系被提升到前所未有的高度，人脉资源也成为影响人生发展的最重要资源之一。在这种情况下，人与人的交往更加频繁和密切，各种矛盾和纷争也应运而生。尤其是随着生活节奏的加快，工作压力的增大，使现代人原本就承担着达到能力极限的重重困扰和压力，由此情绪问题也日渐凸出，成为现代人不得不面对的难题。

人是情感的动物，每个人都是这个世界上独一无二的生命个体，在人与人相处的过程中，情绪问题的出现是必然，也完全是正常现象。最重要的是，作为当事人，我们该如何面对不良的情绪，如何在出现情绪问题时及时疏导，从而解开心结，从根本上彻底解决问题，是我们要重点关注的。

一直以来，很多人误以为只有身体上的疾病才是需要及时医治的，而忽略了心理和情绪方面的各种问题。为此，当面对情绪问题时很多人习惯于逃避。很明显，这种做法是错误的，情绪出问题了应该要及时解决，否则一旦过了最佳时间点，就会对人的精神造成创伤。如果情绪不断地积累，就会导致人的心态发生微妙的变化。例如，现代社会，很多人之所以因为长期抑郁而自杀，就是因为情绪问题被忽略导致的。最可怕的是，很多情绪问题具有隐蔽性，不到激烈爆发的时刻，别人根本无从觉察。就像那些因为抑郁而自杀的人，他们的家人、朋友都觉得他们生前一切正常，为此才会对于他们的死亡表现出极度的惊讶和无法接受，这就是情绪问题的伪装。从这个角度而言，我们不仅要关注自身的情绪健康，也要关注身边人的情绪健康。对于自身而言，当觉察到情绪异常时，如果自己不能合理解决、正确疏导，就要求助于他人，甚至是心理医生。对于他人来说，当觉察到他人的情绪异常时，也要第一时间对他人展开心理干预，与他人真正深入地交谈，尽量帮助其疏导情绪。当然，如果觉得他人的情绪问题已经超出了

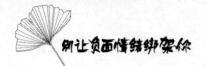

自己所能处理的范围，就要及时求助于专业人士，不要认为情绪问题无关紧要，因此而错过最佳的处理时机。

一个人的情绪好坏，关系到人生的方方面面，如家庭生活、职场表现、人际关系等。所以每个人都不能忽视自己的情绪问题，应该慎重对待，发现问题及时解决。细心的朋友们会发现，很多情绪状态好的人，不管走到哪里都受到他人的欢迎，也总是能够得到他人的认可和尊重，这是因为人们能从他们身上感受到积极向上的力量，因而愿意与他们相处。相反，那些情绪状态不好的人，则总是给身边人带来负能量，让人抗拒与之交往。要想改变这种状况，就要从现在开始做起，调节并控制好自己的情绪，让自己身上时刻充满正能量。

人们一直以为情绪会影响行为，心理学家经过研究发现，行为也会反作用于情绪，让情绪发生改变。既然如此，当情绪消沉低落的时候，不如采取假装高兴的方法，让自己的嘴角上扬，看起来就像在微笑。渐渐地，你会发现，自己的心情真的变好了，情绪状态也变得积极而且充满正能量。这个做法很神奇，能够有效调节自己的情绪状态，从而给人生注入更多的正能量。

负面情绪的危害很大，不但影响人的心情，也会对人的身体产生实质性的伤害。例如，有的人因为情绪长期低落，导致神经衰弱或者患上慢性胃病；有的人因为极度的恐惧，导致身体出现相应的症状，甚至失去生命。不得不说，不良情绪给人带来的伤害远比我们想象中的力量更强大，也的确会影响到生活和工作的方方面面。所以要想拥有让人羡慕的婚姻和工作，以及真心相待的朋友，就要从改变情绪开始，让人生如同开挂一样动力十足，对于未来，充满无限的可能性！

目 录

三、 生活不是用来计较的，患得患失害死人

四、 直面内心的恐惧，勇往直前让人生砥砺前行

五、 你所有的焦虑，都是吞噬人生幸福的黑洞

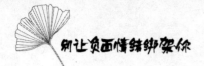

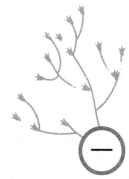

心平气和，云淡风轻的心让人生静水流深

现代社会，生活节奏越来越快，工作压力越来越大，很多人在与生活博弈的过程中，渐渐地迷失了方向，变得越来越焦躁不安。有的人一言不合就大打出手，有的人因为一点琐事就歇斯底里……这些糟糕的表现，是内心缺乏平静、情绪失控的表现。只有内心始终保持心平气和，云淡风轻，人生才能静水流深，波澜不惊。

坏脾气并非是天生的

很多人都说自己的坏脾气是遗传父母的，实际上，坏脾气并不是天生的。当然，坏脾气也并非后天形成的，而是在生活中，因为内心失去平衡，使心态不够健康而导致的。所谓情绪，从本质上而言就是一种心态。心态好的人，即使在人生中遭遇艰难坎坷，也总是能够积极奋发，努力向上。心态不好的人，在人生中尽管得到很多，也会因为内心失衡而不知满足，甚至始终郁郁寡欢，由此失去更多的幸福和快乐。心态好的人，还拥有好脾气，总是能够友善地对待他人，而心态不好的人，则往往脾气暴躁，不但让自己心力憔悴，也常常影响身边人的心情和状态，向外界释放出负能量。

常言道，人生不如意之事十之八九，其实人生不仅有很多不如意，也有很多幸福快乐。正如一位名人所说的，这个世界上并不缺少美，缺少的只是发现美的眼睛。同样的，这个世界上也不缺少鲜活的乐趣，缺少的只是发现乐趣、感知乐趣的心灵。既然如此，当你为自己的坏脾气而抱怨时，还不如调整好心态，努力发现生活的真善美，也会在生活中有美妙的体验！每个人眼中呈现出的世界，都是世界折射在他们心里的样子。一个人的脾气好坏，并不取决于外界的客观事物，而是取决于他们以怎样的眼光看待万事万物，又以怎样的心灵感受万事万物。换言之，人的脾气更多地取决于主观心灵对于外界的感知，而并非完全取决于外界的一切。例如，有的人虽然在生活中饱经磨难，常常被命运的洋流抛到波峰，又摔到波谷，但是他们始终没有放弃，就像最勇敢的水手那样与命运不停地抗争。相反，有些人的生活虽然顺遂如意，却还是不知道满足，总是抱怨命运对自己不公平，或者担心自己受到命运的薄待。不得不说，这样的人完全是杞人忧天，因为他们从未发挥过自身的力量，真正地与命运抗争过，他们也经不起任何风吹雨打的，他们的心中既缺乏美好的力量，也缺乏真正的勇气。

脾气是一种对人如影随形的心理活动。坏脾气总是对人起到消极的干扰作用，好脾气则能对人起到促进和帮助的作用。好脾气的人拥有积极的心理能量，也能够最大限度地发现世界的美好，坏脾气的人却生活在阴郁之中，总是对什么都看不顺眼，也总是对一切都怀着恶意。不得不说，脾气的好坏，更多地影响人自身对于世界的感知。既然客观存在的一切都是无法改变的，明智的朋友当然知道要通过控制脾气的方式，来改变自己与这个世界的关系，也让自己真正地鼓起勇气拥抱世界，享受生活。

1930年，美国遭遇前所未有的经济危机，各个行业都受到严重冲击和沉重打击，希尔顿大酒店尽管作为行业中的佼佼者，也未能在经济危机中幸免。在美国80%的酒店都因为经济的不景气而面临处在倒闭的艰难困境中，希尔顿酒店也因此背负沉重的债务，酒店里的工作人员全都焦虑不安，生怕一觉醒来就会失业。

然而，酒店是典型的服务行业，在为顾客服务的时候一定要给顾客阳光明媚的微笑，如果服务员的心中满含担忧，还如何把绽放心底的微笑呈现给客户呢？因而很多服务员都是硬生生地挤出笑容对待客户，不得不说，这样的笑容比哭泣还难看。酒店的总裁希尔顿先生及时感受到员工的情绪变化，特意召集全体员工

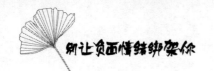

开会，在会议上对员工展开微笑训练。希尔顿还告诉每一位员工微笑的重要意义，他不但要求员工不能硬挤出僵硬的微笑，而且要求员工的笑容必须是发自心底的，满怀纯真与善良的。就这样，微笑陪伴着希尔顿酒店以及酒店里的每一位员工度过了萧条时期。渐渐地，他们的经营情况越来越好，终于走出了经济危机，迎来了企业的暖春。

后来，希尔顿酒店发展得非常好，在世界范围内开设了很多家分店。然而，不管走遍世界的哪一个角落，只要走进希尔顿酒店，顾客就能感受到服务人员绽放自心底的笑容，也真的像回到家里一样，那么温暖和惬意。

如果没有微笑训练，也许希尔顿酒店最终会和很多其他酒店一样，在经济的寒冬中无奈地倒闭。幸好，总裁希尔顿先生及时感受到员工们的情绪变化，也采取了最合适的方法训练员工微笑，由此激励员工们一起以微笑渡过难关。实际上，在微笑的过程中，员工们不仅把温暖给了客户，更把积极的阳光心态传递给了自己。

每个人都有自我认知体系，一个人如果脾气很差，就会摧毁自己的自我认知系统，甚至彻底毁灭自己。尤其是脾气坏的人也很难与身边的人建立和谐融洽的关系，导致他们的人际关系发展受到严重影响。当坏脾气的人面临内忧外患，他们还如何最大限度满足自我认知和自我发展的需要，不断地推动自己向前发展呢？朋友们，从现在开始就努力控制情绪，改变坏脾气吧，不久你会变成一个全新的自己。

不要用别人的错误惩罚自己

很多人面对生活的各种不如意或者坎坷挫折时，总是第一时间生气。他们用愤怒来表达自己对命运或他人的不满，也用愤怒把自己带入情绪的无底深渊，更用愤怒让自己越来越远离他人，最终成为不折不扣的孤家寡人。在西方国家的宗教中说，耶稣曾经教导世人，让世人都爱自己的敌人。这话猛地一听，人人都会以为耶稣一定是说错了，每个人都应该恨自己的敌人才对，为何要爱自己的敌人呢？然而用心去想一想耶稣的话，就能领悟到耶稣的用心良苦。

人们常说，宽容他人，就是宽宥自己。这是因为一个人如果始终活在对他人的仇恨和憎恶中，自己也会饱受折磨，始终因为无法放下而身陷囚牢。原来，耶稣的目的是让我们放下对敌人的仇恨，真正地解放自己，这样才能变得心胸开阔，更加强大。否则，当敌人以仇恨折磨我们，几乎兵不血刃就可以摧毁我们的意志，击垮我们的心灵，由此可见当我们活在仇恨里，从本质上而言已经成为敌人的帮凶，帮助敌人不费吹灰之力就能战胜我们，打垮我们。明智的人不会用别人的错误惩罚自己，更不会让因别人而起的愤怒腐蚀自己的心灵。

清朝康熙年间，礼部尚书张英是安徽桐城人。他官至尚书，还兼任文华殿大学士，官运亨通。为此，虽然他一直在京城生活，但是老家的人都以他为傲。

张英在桐城的老家与当地的望族叶家比邻而居。叶家在本地势力强大，而且家里也有人在朝廷当官。叶家在朝廷当官的人叫叶侍郎，与张英还很相熟。后来，叶家要重新翻修住宅，因为院墙的事情与张家发生纷争，彼此互不相让，还把官司打到了县衙。县衙深知张家和叶家都不能得罪，因而只在这两家里不停地和稀泥，根本不敢秉公办事。为此，张家人连夜修书一封，让家丁火速送到京城，交给张英。其实，张家人原本是想得到张英的援助，没想到张英看到书信后，当即提笔回信："千里修书只为墙，让他三尺又何妨？万里长城今犹在，不见当年秦始皇。"写完，为了避免两家矛盾升级，张英又让家丁连夜把书信带回。

看到张英的回信，张家人茅塞顿开，再也不因为几尺地就与叶家打官司了。甚至，张家人还主动把宅基地退后三尺。看到张家人如此宽宏大量，叶家也表现出高姿态，当即也把院墙后退三尺。这样一来，张家和叶家之间就有了一条六尺巷，邻居们来来往往地通行也方便多了。

生活中充斥着各种各样的琐事，如果不能很好地控制情绪，就会导致坏脾气爆发，无法控制。为了让自己拥有平和的心境，每个人都要学会调整情绪，摆正心态，这样才能保持心境的淡然平和。

生气不但会扰乱情绪，也会伤害身体，人人都要学会不生气的智慧，这样才能参透生活的本质。当然，一味地想要通过控制脾气来不生气是很难的，最重要的在于要让自己心胸开阔，与人为善，这样才能满心慈悲，对世界充满博大的爱。唯有在爱与宽容的支撑下，一个人才能真正做到不生气。

宁静淡然，人生致远

尽管很多人都打着不生气的口号，希望自己更平静地面对生活的风风雨雨和各种不如意，但是实际上大多数人都无法有效控制自己的坏情绪，也常常处于情绪失控的状态。还有少数的人总是歇斯底里，被愤怒冲昏头脑，哪怕只是面对生活中的小事情，也会立刻处于斗鸡的状态。不得不说，这样的人缺乏淡然的心境，也根本没有任何自控力。在对坏情绪和坏脾气的一次次纵容中，他们最终会处于完全失控的状态，也会导致情绪如同脱缰的野马肆意奔腾，造成非常恶劣的后果。

对于人生而言，淡然是最高的境界。淡然的人不会因为一点点小事就失去心绪的平静，也不会因为小小的利益就放弃做人做事的原则，他们始终坚持初心，愿意在对生命的坚守中找到人生的价值和意义。尤其是现代社会，很多人都追求利益，淡然的人不会迷失本心，他们信奉"君子爱财，取之有道"，他们也渴望获得成功，却知道成功从来不是从天而降的，更不是一蹴而就的。淡然的人很容易满足，他们吃着粗茶淡饭，穿着布衣草鞋，却依然能安然地享受生活。他们从不抱怨，而只是尽力而为，享受自己能力所能达到的人生高度。正如一句话所说的"宠辱不惊，闲看庭前花开花落；去留无意，漫随天外云卷云舒"。这就是淡然者最真实的写照和最美好的状态。

　　急功近利的人往往脾气很差，因为他们太过于急迫地想要实现自己的目标。相比起他们，淡然的人脾气都很好，心态也非常平和，因为他们不会为了虚名和利益而捆绑自己。他们很清楚生命中最重要和最珍贵的是什么，也很明白斤斤计较的人生是痛苦的。为此，他们选择放下，从而让自己的生命静水流深，尽情舒展。从最初毛毛躁躁的孩子，到后来成长为心态宁静平和的人，对于人生而言，这是最大的进步和成长。淡然不是不谙世事，也不是睚眦必报，而是成熟后的豁达，是人生的通达和历练。淡然的人知道自己该把握什么，争取什么，也知道什么时候该放弃，什么时候该忘记。每个人都要努力修炼自己，才能拥有淡然的心境和云淡风轻的人生。

　　明朝时期，有一个大名鼎鼎的才子，他既擅长作画，也擅长写诗，因而名震文坛和画坛。他，就是唐寅。唐寅曾经在苏州居住过一段时间，因为家境贫苦，生活窘迫，妻子常常对他怨声载道，甚至与他吵闹不休。最终，在看到唐寅根本没有发财的可能后，妻子耐不住清贫，离开了唐寅，另谋生路。此后，唐寅独自生活，更加安贫乐道，从来不为五斗米折腰，也不因为生活的贫苦而懊丧。他总是守着清贫的生活自得其乐。唐寅善于画画，靠卖画为生。画画是他喜欢的事情，看着有人因为喜欢而买走自己的画，对于他而言是非常高兴的事。唐寅曾经写过一首诗，表达了自己对于生活的满足，诗的内容如下："不炼金丹不坐禅，不为商贾不耕田。闲来写就青山卖，不使人间造孽钱。"这首诗表现了唐寅淡然的心境，以及对于名利等身外之物的唾弃。因为内心的淡然，他对于金钱物质等的追求很少，只求温饱即可。正因为如此，他才能够专心作画作诗，最终成为青史留名的大画家、大诗人。

　　每个人一定要知道自己想要怎样的人生，这样才能坚定不移地做好自己，才不会随波逐流。唐寅之所以能够成为历史上有名的大诗人、大画家、大才子，就因为他始终知道自己想要什么，也能够坚定不移地做自己，绝不为虚妄的名利所诱惑。当然，事迹流转到如今，现代社会已经不适合唐寅的生存。那么我们也要与时俱进，成为当下时代中的淡泊者。在这个竞争激烈的时代，纯粹的淡泊显然也不可能。一个人要想更好地生存，固然需要打拼和奋斗，也要知道自己应该做什么，不该做什么，从而始终坚持人生的正确方向，不气馁，不懈怠，理性地面对现实，经营好自己的人生。

　　淡泊，既然是人生至高无上的境界，每个人都不可能生而淡泊，而是要在人生的历练之中不断地修炼和提升自我。新生儿就像是一张白纸，没有任何描画，而随着经历的人和事情越来越多，他们也许会感到困惑，却最终会因为对内心的坚守，而透过生活纷繁复杂的现实，看到生活简单纯粹的本质。如今，很多人都推崇极简生活，这也是因为简单至极的生活，才能让人耳目清明，更加参透生活的本质，领悟生活的真谛。

学会正确的情绪表达方式

人是情感动物，每个人每时每刻都会产生各种各样的情绪。好情绪让人感受到生活的美好，坏情绪则会使人变得不堪重负，甚至因为坏情绪的积压而发脾气。在这种情况下，一味地压制坏情绪显然是不可取的，要想始终保持良好的情绪状态，人们就要学会给坏情绪减压，学会正确的情绪表达方式。从本质上而言，情绪就像流动的水，必须流起来，才能保持新鲜和健康。而一旦情绪的水流被阻断，则会导致负面情绪不断地堆积，最终爆发出来。

负面情绪不仅影响人的情绪状态，还会对身体产生一定的影响。当然，负面情绪的存在也是理所当然的，一个人不断地接受外界的刺激，所以不可能完全消除负面情绪。那么，为何有些人看起来整天笑呵呵的呢？其实，你看到的只是他的表象，他的心中也一定有过烦恼和困扰，只不过他很善于调整情绪，也给情绪找到了恰当的宣泄口而已。所以你所看到的快乐的人，都是善于表达和发泄情绪的人。需要注意的是，发泄情绪的时候一定要讲究方式方法，否则一旦以错误的方式发泄情绪，就会导致情绪如同导火索一样，点燃你的坏状态。记住，生活并不是一团乱麻，是因为你混乱不堪的情绪，才让生活变成了一团乱麻。只要你梳理好自己的思路，整理好自己的情绪，你会发现原本乱糟糟的一切都变得井井有条，让人神清气爽。

不会表达和疏导情绪的人，会使情绪在心中不断地积累，最终由量变引起质变，在这种情况下情绪已经泛滥成灾，再想治理好就很难了。明智的人会在情绪刚刚萌生的时候，看到不好的苗头，当即就调整和疏通情绪。这样一来，坏情绪及时得到疏通，自然不会积累，也就不会造成多么严重和恶劣的后果。当然，发泄坏情绪的方式有很多，尤其是如今人们对于心理和情绪更加关注，应运而生了很多疏导情绪的方式，例如跑步、健身、唱歌、跳舞、远足、登山等，都是非常好的疏导情绪的方法，既能够让情绪得到合理宣泄，还可以通过运动的方式强身健体，可谓一举两得。需要注意的是，有些人疏导情绪采取负面的方式，如抽烟、酗酒、暴饮暴食等，不得不说这些方式也许能暂时地让人忘却烦恼，却不是疏导情绪的健康方式，还有可能对身体造成严重的危害，因而一定要慎重选择，最好彻底拒绝。

很久以前，在西藏，有个人叫艾迪巴。艾迪巴的名气很大，远远近近的人都知道他，这是因为艾迪巴有一个很奇怪的习惯。每次与他人发生争执，艾迪巴就会马上跑回家里，然后绕着自己的房子和土地，至少要跑上三圈，他才会气喘吁吁地停下。这个时候，他已经累得没有力气生气了，只能坐在田间地头上喘息。为何艾迪巴总是这么做呢？大家都感到很奇怪，也有人忍不住问艾迪巴原因，但是艾迪巴都只是摇摇头，从来没有说出原因。

艾迪巴非常勤奋，每天都日出而作，日落而息，渐渐地，他的家越来越大，土地越来越辽阔，但是他一生气就绕着房子和土地跑的习惯，并没有改变。时光流逝，艾迪巴已经很老了。有一天，他不知道为何与人生气，又开始绕着房子和土地"跑"。只不过艾迪巴已经跑不动了，他只能绕着房子和土地一步一步地走，好不容易才走了三圈。日落西山，气喘吁吁的艾迪巴孤独地坐在田间

地头，这个时候，来找他回家吃饭的孙子也坐到他的身边，问："爷爷，您都这么老了，为何还和以前一样一生气就绕着房子和土地跑呢？咱们的房子这么大，土地这么多，您会把自己累坏的。"看着眼前自己最疼爱的孙子，艾迪巴忍不住抚摸着孙子的头，说出了这么多年来无人知晓的真相："以前，爷爷的房子很小，土地也很少。每次与他人吵架，我就绕着房子和土地跑，一边跑一边告诫自己'你这么贫穷，既没有大片的土地，也没有宽敞的房子，为什么和别人争吵呢？'后来，房子越来越大，土地越来越多，我和别人生气的时候，还是绕着房子和土地跑，一边跑一边告诉自己'你有这么宽敞的房子，有这么辽阔的土地，还有什么不知足的呢？'这样想着，我就渐渐地怒气全消，也就不再与人生气了。"

原来，绕着房子和土地奔跑三圈，是艾迪巴发泄情绪的方式，而且三圈的时间也足以让他平息心中的怒火，恢复平静和理智。正是因为一次又一次地绕着房子和土地跑，艾迪巴才会凭着勤劳的双手，让自己的房子越来越大，土地越来越广阔。有了大量财富的艾迪巴，依然沿袭着老传统来消除负面情绪，从而让自己的心始终平静、淡然。

在电影《花样年华》中，梁朝伟饰演的角色有些神经质。每当觉得内心压抑的时候，他就会对着空荡荡的墙壁不停地说话，而且对此感觉良好。实际上，这是因为这个角色的内心有太多秘密，因而必须在必要时去倾诉，从而缓解内心的巨大压力。还记得那个把"国王长着兔耳朵"的秘密告诉土地的男孩吗？在无人能够分享的情况下，他的内心"压力山大"，无法承受，只好把这个惊天的大秘密倾诉给土地。人人都需要倾诉，尤其是当负面情绪积累过多的时候，更要及时宣泄负面情绪，才能让自己内心轻松，更加健康。需要注意的是，当郁郁寡欢的时候，不要一味地压制自己的情绪，因为这样的压制只会让情绪更加剧烈地爆发。唯有疏通情绪，让情绪如同流水淙淙而出，才能保持内心的健康状态，也才能获得心理上的平衡。

明智的人不会让人生"郁气"

　　人人都想不生气，但是真正能做到不生气的人却极少，这是因为情绪总是发生突然，在人们还没来得及反应过来的时候，就已经以各种面貌呈现出来了。完全不生气好吗？当然，要看因为什么才不生气。一个人如果从来不懂得生气，不得不说他的情商发育有问题，所以才成为世界上最愚蠢的人，连生气都不能。换而言之，知道如何生气，也能够控制住自己的情绪，不生气的人，才是真正的智者。

　　生活从来不是一帆风顺的，总有些人哪怕遇到不值得计较的小事情，也会立刻火冒三丈，完全控制不住自己的坏脾气，还会把糟糕的心情带给别人。这种人看起来是很威风的，动辄就大发脾气，也很让人感到害怕。实际上，他们却是最愚蠢的人。因为他们在以愤怒恐吓别人的同时，更是在用别人的错误惩罚自己。真正的聪明人，很少生气，一是因为他们很善于控制自己的脾气，二是因为他们深知不能用别人的错误给人生增加郁气的道理。

　　人是群居动物，每个人都要生活在人群里，也要与外界的人和事打交道。牙齿还会碰到舌头呢，更何况是原本陌生的人呢？在与他人发生矛盾的时候，最关键在于找到合适的方法解决问题，而不要以气愤冲昏头脑，使智商瞬间降低为零。很多时候，误解之所以产生，是因为人们过多地相信自己的眼睛和嘴巴。其实，眼睛看到的未必是真的，耳朵听到的也未必是真的。每个人只有用心感悟和观察这个世界，才能最大限度地满足身心健康，也才能给予生活更多的理解和体悟。

做一个不生气的聪明人，让人生少一些郁气，这才是明智的处世哲学，也才能让人从生活中领悟真谛，受益匪浅。否则，当愤怒冲昏了头脑，人们还如何具有火眼金睛，甄别这个世界上的真真假假呢？

有一个禅师带着徒弟居住在深山的寺庙中修行。这个禅师尤其喜欢花花草草，因而在寺庙的庭院里精心种植了很多花草。在他的侍弄下，这些花草都长得非常繁茂，看起来生机盎然，五颜六色。

有一段时间，禅师离开寺庙去云游，临行前特意叮嘱徒弟要照顾好花草。不想，一天深夜突然降下大雨，徒弟睡得昏昏沉沉，居然没有起床把花草搬回屋子里。次日醒来，徒弟放眼望去，地上一片狼藉。原来，那些娇艳无比的花草都被风雨摧残得凋零了，还有几盆花草被大风吹落到地上，连花盆都摔坏了。徒弟害怕不已，暗暗想道：完了完了，师父回来之后得骂死我。徒弟在忐忑不安度中过了几天，师父回来了。徒弟第一时间主动请罪，请求师父重重地惩罚他。不想，师父却笑着说："没关系，花草被摧毁了，再种就是了。"徒弟万万没想到师父居然是这种反应，因而呆呆地站在那里。师父笑着说："种花种草，本来就是为了让人赏心悦目，看到之后高兴的。要是因为花花草草而惩罚你，岂不是没有实现预期的目的，反而本末倒置了吗？"徒弟恍然顿悟。

对于师父而言，花花草草固然可爱，但是好心情更重要。他种花花草草原本就是为了赏心悦目，如果因为花花草草而责罚徒弟，那么花草带给人非但不是心情愉悦，而是很大的痛苦。不得不说，禅师的确是看透了，才能做到如此豁达。

现实生活中，有多少人的心情都受到外界的影响，甚至有些人的心情完全随着外界的变化而变化。如此一来，他们的喜怒哀乐都被外界控制着，根本不可能真正成为自己的主宰，也无法卓有成效地掌控人生。一个人，唯有"不以物喜，不以己悲"，才能宠辱不惊，揭开人生的面纱，看清人生的真相。

即使遭遇人生困境，也要坚持不懈

人的本能是趋利避害，每个人在遇到危险的时候都会本能地避开，在遇到喜欢或者对自己有利的事情时，也会情不自禁地想要凑上前去。偏偏命运之神最喜欢和人开玩笑，总是给人各种意外的打击，也常常让人措手不及。在这种情况下，我们又该怎么做呢？

曾经有心理学家经过研究发现，人与人在先天的方面都相差无几，而之所以经过后天的发展，人们之间相差迥异，就是因为每个人面对挫折和磨难的态度不同。如果一定要说成功者与失败者之间有什么不同，那就是在困难面前的态度不同。失败者一遇到困难就想到逃避，根本不会激励自己继续奋发向上，战胜困难。而成功者却有越挫越勇的精神，哪怕遭遇很大的困境，他们也能百折不挠，勇往直前。

古人云"天将降大任于斯人也，必先苦其心志，劳其筋骨，饿其体肤，空乏其身……曾益其所不能"。由此可见，成功者并非得到了命运的特别青睐，反而还比寻常人遭受了更多的磨难。他们之所以能获得成功，就是因为战胜了命运的挫折，也在与命运的一次次博弈中绝不放弃。正如一首打油诗里所说的"苦难像弹簧，你强他就弱，你弱他就强"。真正的强者不是初生牛犊不怕虎般的无所畏惧，而是明知山有虎偏向虎山行般的勇敢。

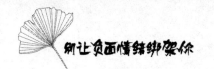

古今中外，无数成功者都饱经命运的磨砺，他们忍受了常人不能忍受的痛苦和煎熬，最终才对生命有所感悟，也创造了辉煌的成就，证明了自己存在的价值。发明大王爱迪生，发明了电灯，给整个世界都带来了光明。鲜有人知道的是，爱迪生为了找到合适的材料作为灯丝，尝试了一千多种材料，进行了七千多次实验。当助理在实验失败后感到绝望时，爱迪生却说："这至少告诉我们哪种材料是不适合作为灯丝使用的。"不得不说，正是爱迪生的锲而不舍，才让整个世界更早地进入光明之中。

伟大的音乐家贝多芬，在音乐创作的巅峰时期突然双耳失聪，可想而知这对于要靠着耳朵去感知音乐的创作家而言意味着什么。但是贝多芬勇敢地扼住命运的咽喉，从来不放弃与命运的博弈，最终在双耳失聪之后还创作了很多伟大的音乐作品，流传于世。不得不说，如果没有与命运博弈、永不服输的精神，贝多芬根本不可能有这样的成就，也根本不可能真正战胜困境，把厄运赶走。

大学毕业后，张卓不愿意和大多数同学一样心不甘情不愿地随便找份工作凑合，而是选择自主创业。然而，创业的道路很难走，尤其是张卓并没有显赫的家世，他的父母都是普普通通的农民，供养他上大学已经万分辛苦，根本没有多余的能力继续支撑他的事业。为此，张卓看准了投资少的淘宝店铺。

张卓的家乡有很多土特产，却因为信息闭塞，交通阻塞，很难销售出去。张卓决定开一家专门经营土特产的店铺，既有助于创业，也能够为家乡的产品在网络上打开一个窗口。接连三个月，张卓都没有任何订单，眼看着儿子在家里的时间越来越长，父母不由得着急起来，不止一次地催促张卓："儿子啊，人家大学毕业好歹都能找到份工作糊口，你这样整日待在家里，我和你爸爸的脊梁骨都被人戳烂了。"张卓不以为然："他们愿意说什么就去说什么吧。我不在乎，你们也不要在乎。我在坚持自己的事业，不是为了做给别人看。"就这样，终于等到第六个月，张卓陆陆续续地有了生意。他整天都扑在电脑上，随时随地为"上帝"服务，生意也越来越好。最终，他成功地开拓了网络市场，在把淘宝店铺经营成熟后，他还开了一家天猫店铺，使得销量成倍增长。

对于张卓而言，事业初期无疑是最难的。但是张卓没有放弃，而是在艰难的生存环境下坚持着，最终才迎来成功。走得太容易的路，都是下坡路，而人生只有走好上坡路，才能不断地向上，越来越接近巅峰。

常言道，路遥知马力，患难见真情。对于人生而言，越是在艰难的时刻，越是能够表现出优秀的品质。因而面对困难，每个人都要鼓起勇气，证明自己的实力，而不要随随便便就低头认怂，导致人生陷入进退两难的困境。套用一句网络上的流行语，既然笑着也是一生，哭着也是一生，昂首挺胸是一生，畏畏缩缩也是一生，我们为何不微笑着在人生的道路上昂首向前，绝不畏缩呢？！

古往今来，每一个成功的人未必有过人之处，但是一定有坚韧不拔的精神和毅力。正是这种精神和毅力，才支撑着他们在人生的道路上艰难地前行。否则，一旦放弃，还有何成功的机会呢？连失败的机会都没有了。

常言道，真金不怕火炼。每个人的人生道路都不是顺遂的，只有努力地战胜困厄，坚定不移地勇往直前，人们才能突破自我的禁锢，获得真正的成功。有人说失败是成功之母，实际上，失败是不断进步的阶梯，唯有从失败中汲取经验和教训，人们才能在人生的道路上勇往直前。

被生活欺骗，也要保持微笑

1825 年，俄国诗人普希金被流放到南俄敖德萨，后来又因为与当地的总督发生严重的冲突，而遭到流放，被押送到他父亲的领地——一个偏僻的小村落，才算勉强地安下身来。正是在这个小村庄里，非常孤苦的普希金写下了传世名作《假如生活欺骗了你》："假如生活欺骗了你，不要悲伤，不要哭泣。熬过这忧伤的一天，请相信，欢乐之日即将来临……"在这首诗歌中，普希金那颗虽然饱受生活的磨难却不愿意向生活屈服的心，跃然纸上。

每个人在一生之中都会遭遇谷底，在写下这首诗时，普希金正位于人生的谷底。然而，他始终没有放弃对美好生活的追求，心中怀着热念，满怀着热情，而不被命运冰冻。他坚信被生活欺骗只是暂时的，只要坚持不懈，生活终有一天会变得阳光灿烂。正是在顽强意志的支撑下，普希金才能始终积极乐观，昂扬不屈。

没有人是命运的宠儿，在命运的魔爪之中，很多人都会遭遇坎坷和磨难。一定要鼓起信心和勇气面对人生，才能真正地战胜厄运，也才能彻底地扭转人生的恶劣局面，从而收获不一样的人生。所以朋友们，不管受到命运怎样的对待，我们都要更加努力，更加坚定不移，这样才能摆脱困厄，重新扬起命运的风帆。古往今来，有很多伟大的人物都被命运欺骗，他们之所以能够取得伟大的成就，就是因为在生命之旅上坚定不移，勇往直前。

1880年6月，一个可爱的生命降生了。她非常健康，白胖可爱，是父母的心肝宝贝。在父母的精心呵护之下，她健康茁壮地成长。然而，就在十九个月的时候，她突然患上严重的急性脑膜炎，导致失去听力和视力，从此之后生活在无声无息的黑暗世界里。然而，她并没有因此沉沦，小时候的她无忧无虑地成长，长大之后，她更是发愤图强，不但考上了大学，还出版了自己的著作。不得不说，她创造了人生的奇迹，也真正实现了人生的价值。她，就是大名鼎鼎的海伦，是《假如给我三天光明》的作者。

小时候的海伦并没有因为失去视力和听力而感到生活特别艰难，随着不断成长，她的心智渐渐地开化，也感受到无声无息地世界带给她的禁锢。幸好，爸爸为她请到了莎莉文老师。在莎莉文老师的耐心陪伴下，海伦最终学会了读书写字，还考上了大学。海伦身残志坚的事例感动了全世界，她在残疾人之中也拥有强大的号召力。大学毕业后，海伦一直致力于为残疾人谋取福利，也为世界和平贡献出自己的一份力量。

在评价自己的生活时，海伦曾经说如果自己不曾遭遇命运的捉弄，是一个健康的孩子，那么也许就会变得很平庸，没有任何出奇的地方，也不会拥有这么璀璨夺目的人生。的确，有的时候在突如其来的灾难打击下，人是会产生强烈的应激反应的。这种反应决定了人生未来的走向，是就此沉沦，还是最终崛起。

就算是命运的宠儿，也无法一直得到命运的善待和宠溺。每一个人的命运其实掌握在自己的手中。只有怀着积极的心态面对生活，才能从逆境中崛起，而如

果怀着消极的心态面对生活，人生就只能随波逐流，甚至不停地沉没。如果连重度残疾的海伦都从来没有停止过吹响命运的号角，作为健全人的我们，还有什么理由在厄运面前不停地逃避，又有什么理由随随便便地放弃对生命的主动权呢？记住，你就是自己的上帝，你就是自己命运的主宰，只要你不放弃，就没有人能让你对命运缴械投降。

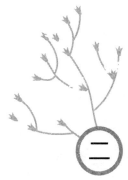

二

远离坏脾气，别让自己变得面目狰狞

生气的时候，你是否会透过镜子看看自己的脸？如果你看了，你很有可能会被镜子里那张面目狰狞、完全陌生的脸庞吓住。你不知道自己是怎么了，也不知道自己为何会变得这么可怕。然而，这就是你，你的一切改变都因为坏脾气而起。如果你不想再次看到自己的可憎面孔，那么就要控制好自身的情绪，远离坏脾气，从而让你的脸庞线条更柔和，也让爱与光辉洒满你的面庞。

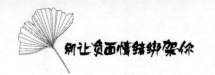
抱怨，只会让人生更糟糕

很多人遇到不如意的事情都会抱怨，而且他们的抱怨还有愈演愈烈之势。其实，这都是因为他们从未真正想过抱怨的作用。当了解到抱怨除了让人生更糟糕之外没有任何积极有效的作用时，他们也许会放弃抱怨，也许还会自顾自地抱怨下去，丝毫不理会抱怨给自己和他人带来的负面影响和糟糕情绪。

有人说，人最大的敌人就是自己。这句话听上去无厘头，细细想来却很有道理。每个人都活在自己的情绪里，情绪并非天生的，而是在后天的各种经历中渐渐形成的。从这个角度而言，一个人只有战胜自己，主宰情绪，才能真正成为命运的主人，也才能最大限度发挥主人的权利，扼住命运的咽喉，努力地改变命运。抱怨有什么用呢？只会让事情变得更糟糕，让当事人失去解决问题的有利时机，除此之外一无是处，反而会影响自己的情绪，也给身边的人带来坏心情。因而，每个人都要远离抱怨，让自己的心始终充满阳光和力量。

当然，抱怨的存在并非全无道理。从人性的角度而言，抱怨是人的本能，只要是人，就会抱怨。只不过有些人能够控制抱怨，有的人却被抱怨驱使着成了负面情绪的奴隶。要想拥有精彩绝伦的人生，我们就一定要远离抱怨，也要最大限度改善生命的状态，给予人生更好的未来。古往今来，一些名人雅士也曾经抱怨过。他们的抱怨尽管带着名流的风雅，却难以逃脱抱怨的本质。从他们的抱怨之中，我们会看到智慧在闪光，却也更加坚定自己要远离抱怨的决心。

　　庄周家里非常穷困，已经到了揭不开锅的地步，为了养活一家老小，庄周只好去找监河侯借粮食度日。监河侯收入丰厚，家里衣食无忧，还囤积了很多粮食，为此他是完全有能力帮助庄周的。在听完庄周的来意后，监河侯原本想拒绝庄周，又怕被说成小气，因此允诺庄周："等到今年封邑的税收交完，我就可以借三百金给你作为临时周转之用。"庄周当然很聪明，听出来监河侯根本不想帮助他，为此心中愤愤不平。但是，他又没有理由直接指责监河侯，因而只好编出一个故事，专门用来讽刺监河侯的曲意逢迎和吝啬冷漠。

　　庄周的故事内容如下：很久以前，我在路上看到一条车辙印。在深深的车辙印里，有一条鱼奄奄一息，即将因为干涸缺水而死去。鱼告诉我，他是东海龙王的左膀右臂，无论如何也不甘心死在这道浅浅的车辙里，还恳求我只需要给他一升水，他就能多活过几天。我告诉他，一升水不足以拯救他，我要去富庶的吴国，游说国君，让国君允许我从西江引来大量的水，救活这条鱼。不想，鱼生气地说："我的命危在旦夕，只需要一升水就能救活，你却要舍近求远，还要去吴国游说。等到你从吴国回来，还不如去卖咸鱼的市场上找我呢！"

　　听了庄周的故事，人们都知道他在发牢骚抱怨监河侯不愿意当即帮助他，使他危在旦夕。虽然庄周品行高洁，但是当受到命运不公正的对待时，他也会怨声载道。

　　从心理学的角度而言，抱怨只产生于人与人的互动中。如果庄周生活得很快乐，也很富足，那么他就不会去找监河侯借米，也不会抱怨；如果庄周虽然穷得揭不开锅，但是从未想到求助于监河侯，那么他同样不会抱怨。庄周的抱怨来自

于他想得到监河侯的帮助，偏偏监河侯是非常吝啬的，不想帮助庄周，由此一来才会心生抱怨，也才有了抱怨的由头。朋友们细心想一想就会发现，大多数人之所以抱怨，都是因为没有从他人那里得到满足。人们很少抱怨自己，一是因为人们对待自己很宽容，二是因为人们也知道抱怨根本无济于事，所以也有所收敛。常言道，严于律己，宽以待人。每个人如果对于自己更加严格一些，对于他人更多一些宽容，那么抱怨的机会就会大大减少。

和古代人相比，现代人有更多的抱怨。古代人对于物质和金钱的需求较少，只求温饱，而现代人在物质的刺激下，欲望更加深重，一旦欲望得不到满足，就会生出各种抱怨来。冤冤相报何时了？抱怨不但会影响自己的好情绪，也会让身边的人觉得沉重。唯有真正拥有宽容的心，才能从根本上消除抱怨，也才能让自己心胸开阔，尽情享受美好的生活。

歇斯底里又有什么用呢

面对生活中暂时无解的难题，很多人会有不同的反应。有人觉得困难只是暂时的，只要坚持不懈与困难死磕到底，总有柳暗花明的一天；有人觉得困难是人生中无法逾越的障碍，是很难战胜和超越的，因而情不自禁地就畏缩了；还有人有勇无谋，只想抱着与困难决一死战的决心，和困难同归于尽，在与困难硬碰硬的过程中，与困难两败俱伤……显而易见，面对困难第一种方法是最为合理也是最可行的，在这种方法的指导下，人们可以更加理性地面对困难，也能卓有成效地调整好自己的心态，给予自己更大的回旋空间。遗憾的是，现实生活中的大多数人都选择了后两种方法，或者与困难鱼死网破，或者见到困难就闻风而逃，总而言之他们都不能积极主动地面对困难，更不能踩着困难的阶梯一步一个脚印地稳步向前。

歇斯底里又有什么用呢？除了让自己更加愤怒，陷入无边的慌乱之中以外，对于解决问题没有任何好处。对于人生中的一切困境，既不要盲目地逃避，也不要一味地蛮干，而是用理性思考，用智慧解决问题。正如心理学家所说的，如果愤怒使人的智商降低，那么歇斯底里则使人的智商瞬间变成零。古往今来，多少名士因为没控制好自己的坏脾气，导致马失前蹄，一失足成千古恨。

生活中，总会发生一些让我们不知道如何应对的事情，最关键的在于，越是

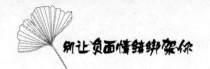

着急，越是要保持头脑的冷静，否则，必然忙中出错，导致事态更加恶劣，变得不可收场。越是着急，越是容易出错，很多人会细心地发现，当在紧急关头要找一件东西的时候，哪怕急得满头都是豆大的汗珠子，也无法找到。反而在事情过后，对于找东西没有那么紧急了，那个东西不用找，自己就出来了。实际上这只是一种心理上的错觉，是急于求成的心态让人的智力降低，眼睛也被蒙蔽。由此可见，在遇到类似的事情时，最重要的就在于要调整好心态，绝不要急躁。唯有保持心境平和，内心淡然，才能真正理智地思考问题，才能更加圆满地解决问题。

有一天，小司正在给妈妈打电话，下意识地一摸平日里放手机的口袋，突然间就慌乱了，告诉电话那头的妈妈："妈妈，我的手机找不到了。"妈妈知道小司的手机是新买的，花了好几千块钱呢，因而也赶紧给小司出主意："手机能去哪里呢？是不是在另外一个口袋里？"小司赶紧摸一摸另外一个口袋，发现还是没有，不由得慌了神。

妈妈问小司："你中午在哪里吃的饭啊，是不是落在饭馆里了？你现在赶紧往饭馆走，沿路上都找一找。说不定还真是丢在饭馆了呢，你快去找吧！"小司答应着，挂断电话，低下头忍不住笑起来：我不正拿着手机给妈妈打电话呢嘛！小司当即又给妈妈打了个电话，向妈妈汇报自己已经找到手机了。妈妈听了小司说的，也忍不住哈哈大笑起来，对小司说："刚才，咱们俩都急糊涂啦！"

当然，这更像是一个笑话，却并非空穴来风。现实生活中，这种事情经常发生，很多人会拿着某个东西，因为心急，却忘记了那个东西就在自己的手里，而盲目地四处寻找。从这个含义深刻的笑话中，我们不难得出一个结论：越是遇到危急的情况，越是应该保持冷静，而不要陷入慌乱之中。人是感情动物，很少有人能在任何情况下都保持情绪的冷静和理智。不管是事发突然，还是事情的结果超出了自己的承受能力，都会导致自己失去控制。

很多人把情绪的力量低估了，实际上情绪的力量比我们想象的要更加强大。在情绪的旋涡中，理智非常脆弱，甚至不堪一击。一个人要想真正成为人生的强者，就要主宰情绪，而不要变成情绪的奴隶。尤其是在现实生活中，更是要循序渐进地消除坏情绪，否则一旦坏情绪突然间全面爆发，就会导致非常恶劣的后果。

宁停三分，不抢一秒

　　司机都知道，在遇到红灯的时候，马上就要踩一脚刹车，停下来，等待红灯转变为绿灯，才能继续往前行驶。在车辆川流不息的道路上，正是因为有了这些信号灯的指挥，才能始终保持畅通，也才能让车辆有条不紊、秩序井然地前进。这是因为人人都知道，在路上宁停三分，不抢一秒，否则一旦出事，就会是危及生命的大事情。那么，生活中还有哪些时刻是需要我们耐心等待的呢？那就是在遭遇情绪红灯的时候。很多人面对情绪红灯，会处于完全失控的状态，甚至歇斯底里、完全癫狂。不得不说，这种状态是很危险的。熟悉刑事案件的人知道，有很多刑事案件都是因为当事人过于冲动而做出伤害他人的事情，而等到当事人清醒过来后，虽然懊悔万分，却悔之晚矣。

　　所以说，情绪的红灯更要遵守，否则就会因为突破情绪的极限，导致悲剧发生。很多朋友都为无法控制自己的情绪而烦恼。其实，只要牢记"宁停三分，不抢一秒"的道理，情绪也就不会始终处于失控的状态了。当然，情绪的表现状态先天的因素很小，绝大部分是由后天养成的脾气秉性决定的。在日常生活、学习和工作中，每个人都要有意识地控制自己的脾气，才能让情绪保持稳定，不会轻易如同火山一样喷发出来。

三国时期，刘备以善于用人闻名于世。他的手下有很多奇才，如诸葛亮就是刘备三顾茅庐才请出来的，再如关羽、张飞等，都是刘备的左膀右臂。说起刘备的下属，除了大名鼎鼎的诸葛亮之外，就要数到张飞了。

当年形势危急，张飞在当阳桥上单人单骑，一夫当关面对曹操的大军。他毫不畏惧，以震慑山河的气势让曹操放马过来，结果曹军看到张飞有恃无恐的样子，生怕有诈，始终不敢派人上前迎战。就这样，张飞为刘备争取到宝贵的时间，帮助刘备顺利地突出重围，重获新生。正是因为此事，张飞名垂千古，人称"万夫莫敌"，由此可见张飞有多么勇猛。

在大多数人心中，张飞作为勇猛的将领，最后一定会战死沙场，成为一代名将。而实际上，张飞死在自己下属的手中，这到底是为什么呢？原来，张飞的性格实在太暴烈，他尽管敬重刘备，但对于自己的士兵非常苛刻，稍有不如意，他就下令鞭打士兵，结果导致士兵对他忍无可忍。对此，刘备不止一次奉劝张飞一定要善待士兵，不想张飞却毫不收敛，而且大有变本加厉的势头。最终，张达和范疆不能再忍，找机会杀死了熟睡中的张飞，至此刘备对于张飞的预言也变成了现实。

假如张飞能够控制住自己的坏脾气，不总是责罚部下以发泄私恨，那么他就不会惨死在部下手中，可惜了自己的一世英明。从另一个角度而言，张飞也是死在了自己的坏脾气上，是坏脾气害死了他。人，尽管要及时地发泄坏情绪，却不能总是被坏情绪控制，导致人生处于失控的状态。

每个人都有坏情绪，也要及时发泄坏情绪，但是一定要讲究方式方法，而不要任由自己被坏情绪驱使着向前。在愤怒的时候，很多人都会凭着热血涌上头的冲动而做出本能的反应，这其实是不足取的。因为人的情绪脑似乎是感性的，也

常常做出不假思索的反应。本着对自己负责的态度，在情绪脑驱使自己要做出过激举动时，人们一定要保持冷静和理智，慎重思考，才能避免一失足成千古恨。

激烈冲动的情绪，就像是一盏红灯，足以引起人们的警示。在情绪极度冲动的时候，理智的人一定要控制好情绪，从容面对事情，才能给自己争取到更多的时间冷静思考。否则，如果顺应情绪做出过激的举动，等到几秒钟之后恢复平静，想要挽回也就很难了。其实，人的情绪巅峰只有短暂的几秒钟或者几分钟，过了这个时间段，曾经被暴怒冲昏头脑的人们就会渐渐地恢复理智。因而人要想成为情绪的主宰，就要合理控制好自己的情绪红灯，等到红灯变成绿灯的时候，再从容地思考问题。

你想变成傻子吗

现实生活中，有多少人因为情绪的一时失控做出追悔莫及的举动，不但伤害了他人，也彻底摧毁了自己的人生。然而，这时已经是悔之晚矣了，与其等到不能挽回的时候再懊悔，不如积极主动地调整好心态，从而防患于未然，让问题在还来得及挽回的时候得到控制。

曾经，有一个村子里的两户邻居，就因为口舌之争，导致拿起刀子相互残杀，最终闹出了好几条人命。死者已矣，活着的人也要接受法律的制裁，下半生都在囚牢中度过，可谓生不如死。乡里乡亲，再加上是邻居，不应该是关系很亲密的吗？也许他们曾经关系亲密，但是在愤怒的控制下，他们都把对方当成自己永世不能原谅的敌人，如此一来，可想而知结果将会如何。

人，不能成为愤怒的奴隶，愤怒会使人的智商瞬间降低为零。如果一个人被愤怒驱使，就很容易迷失本心。要想不被愤怒控制，首先就要调整好心态，控制好情绪，让自己成为情绪的主宰。当然，情绪是本能，是人在与外界接触的过程中自然而然产生的。人生在世，没有人会是一帆风顺的，许多人在复杂的世事中，总会变得手足无措，甚至怒火中烧。不得不说，在情绪的驱使下做出本能的反应，这是最简单的方式，但却不能真正解决问题。人生的道路上，每个人都会看到很多不同的风景，也会遭遇很多让人匪夷所思的经历，唯有坦然地面对这一切，才

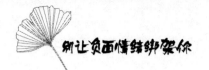

能从容应对各种突发情况，也才能让自己的智商保持在正常水平。

你想变成傻子吗？如果不想，那么请从此刻开始远离愤怒，始终保持理智和清醒。

艾薇的家境很普通，父母都是小县城里的公务员，但是因为只有艾薇这一个孩子，所以他们都非常宠爱艾薇，把艾薇宠爱成了一个任性的公主。在父母无微不至的照顾和关爱中，艾薇渐渐地成长，她不得不离开父母的照顾，独自开始大学生活。

艾薇从小就在家里住，从小学到初中再到高中，一向如此。为此，艾薇根本无法适应大学中的集体宿舍生活。宿舍里住着六个女生，乖乖女艾薇每天都要早早睡觉，大概在十点的时候就寝。然而，宿舍里偏偏有个女孩是夜猫子，总是要在图书馆泡到十一点多才回宿舍，洗漱的时候把同宿舍人的梦都搅散了。大家都忍着不说，艾薇终于忍无可忍，对那个女孩大发一通脾气："你有没有教养啊？你爸你妈没有教你要学会照顾他人吗？我告诉你，我受够了，如果你再十点之后影响大家休息，就请你搬出去住。"那个女孩也不示弱，反而让艾薇搬出宿舍。就这样，艾薇和女孩争吵了好几次，互不相让。直到最后一次，艾薇在冲动中随手拿起另一个女孩心爱的铁质雕塑，对着晚回来女孩的额头狠狠地砸下去。那个女孩应声倒在地上，又因为后脑门磕碰到凸起的铁质床脚上，导致陷入重度昏迷。艾薇被追究刑事责任，进入了看守所。

原本，住在一个宿舍里的女孩都是有缘分的，作为同学也应该互相包容。晚回来的女孩每天晚上打扰其他同学的休息固然不对，艾薇其实可以采取缓和的态度与那个女孩交流，也就避免了女孩变本加厉，更可以有效地解决问题。如今这样的局面，是每个人都不想看到的，但是事情一旦发生，想要挽回就很难。铁窗里的艾薇一定后悔自己为何这么冲动，而那个任性固执的女孩也会后悔自己为何不能更多地体谅他人的感受。

人是群居动物，每个人都是社会的一员，都要学会适应集体生活。如果人人都想横行霸道，那么就应该留在家里，把自己锁在房间里，减少对他人的干扰。而一旦走入社会，无论是否愿意，人人都需要在社会的大熔炉中打磨自己尖锐的棱角，从而让自己更加适应社会生活，也与他人友好地相处。记住，任何时候都不要成为愤怒的奴隶。愤怒是魔鬼，会让人瞬间失去理智，变得利令智昏，做出让自己追悔莫及的举动。有些错误是可以改正的，有些错误则是不可以改正的，所以只能防患于未然。

驾驭自己，驾驭坏脾气

你与坏脾气其实是天生的敌人，要么你能控制好自己的坏脾气，要么你被坏脾气控制，成为坏脾气的奴隶。在前文里，既然我们讲了很多坏脾气对生活造成的恶劣影响，那么，控制坏脾气也就成为迫在眉睫的事情。实际上，有很多方法可以帮助我们驾驭自己，控制坏脾气，最重要的是要真正去做。

当对事情的发展没有预判的时候，人会爆发坏脾气，因为他们束手无策，不知道如何应对发生的情况；当事情的发展超出自己的预期时，人会爆发坏脾气，因为他们觉得事情的结果已经超出他们的承受范围，而导致他们根本无法面对……总而言之，坏脾气与生活如影随形，总是最大限度破坏生活，让人生变得一团糟。那么在应对坏脾气之前，我们首先要了解坏脾气因何而生，这样才能卓有成效地管理思绪，来控制好坏脾气。

首先，当对事情的预估不足时，要想有效控制脾气，就要在事情真正发生之前就未雨绸缪，想到最坏的结果。这样一来，哪怕事情的结果不如预期的那么好，也因为有了心理准备，所以会更容易接受。其次，还要放缓内心的节奏，不要那么急不可耐或者过于着急。很多事情在发生之时，并不要求我们在第一时间就做出反应。正如前文所说的情绪红灯，当你火急火燎想要解决问题时，可以放缓内心的节奏，让自己知道一切其实都是可以慢慢来的。现代社会有很多人崇尚慢生活，其实就是想利用节奏来舒缓内心，让自己从急迫转为安然平静。最后，当特别想发脾气，或者觉得情绪即将喷薄而出的时候，还可以采取深呼吸的方式，让自己的坏脾气得到有效控制。除此之外，还有很多方法都可以控制坏脾气，最重要在于每个人对于自己的情绪状态都要有客观的认知，从而才能有的放矢地疏导情绪，控制好坏脾气。

　　小娜有一身不折不扣的公主病，从小就被爸爸妈妈娇惯得很任性，脾气火暴，不管做什么事情从来不会考虑他人的感受，而只是一味地发泄自己的情绪，顺从自己的心意。渐渐地，朋友们知道小娜的坏脾气，都情不自禁地疏远了小娜。毕竟每个人都是父母的心肝宝贝，都是父母呵护在手心里长大的，谁也不愿意被小娜当成出气筒，总是要忍受小娜的坏脾气，遭到小娜的折磨。对此，小娜一开始无知无觉，后来发现没有人愿意和自己相处了，也就日渐觉得冷清，感到自己成了真正的孤家寡人。

　　生日的时候，小娜邀请朋友们一起来家里给自己庆祝生日，但是除了好朋友雪梨之外，根本没有任何人如约到来。小娜觉得很伤心：为何别人的生日都热热闹闹地度过，唯有我的生日这么冷清萧索呢？小娜忍不住问雪梨："雪梨，你能告诉我在你的眼中，我是一个怎样的人吗？"雪梨看着小娜的眼睛，一本正经地回答："当然可以，但是你必须保证不生气。"小娜保证之后，雪梨才说："你是一个好人，也是一个坏人。你对人好的时候很热情，也很无私，但是你对人坏的时候，就像是一团烈焰，你的坏脾气马上就会把人灼伤。"听到雪梨的话，小娜正准备生气呢，雪梨却说："看吧看吧，不要生气，你可是答应过我不生气的。"小娜苦恼地说："我也不想生气啊，但是我总控制不住自己。"雪梨语重心长地对小娜说："小娜，你也不喜欢被人家的坏脾气伤害到吧？那你就要控制自己，

也要知道别人同样不喜欢被你的坏脾气伤害。古人云'己所不欲，勿施于人'，下次你再想生气的时候，就想一想自己受到别人的坏脾气是多么辛苦，就好了。"

小娜点点头，当即向雪梨表态："放心吧，我一定会非常努力地控制坏脾气的。"

在这个事例中，小娜因为无法控制自己的脾气，导致被朋友们嫌弃，变成了不折不扣的孤家寡人。其实对于小娜而言，坏脾气不但伤害了别人，也伤害了她自己。想想看吧，如果一个人整体都像一个火药桶般生活，自己又何尝不是提心吊胆，根本无法保持心情平静呢？

坏脾气不是天生的，这也就意味着坏脾气是可以改变的。每个人只要多多用心，努力控制好自己的坏脾气，就不会总是被坏脾气主宰，也就夺回了人生的主动权。当然，凡事欲速则不达，在改善坏脾气的过程中，我们还要更有耐心，等待脾气循序渐进地得以改变。否则，如果我们一味地急功近利，只会导致自己郁郁寡欢，也会让自己真正成为孤家寡人，被所有人唾弃。

其实，改变坏脾气还有一个撒手锏。大多数人之所以发脾气，都是因为对于他人或者某件事情感到不满。在这种情况下，为了调整好情绪，我们应该学会设身处地为他人着想，绝不以自己的恶意去猜测他人。当我们站在他人的角度理解他人的苦衷，也知道他人的辛苦，这样就能更加心平气和地包容他人，悦纳他人，协调好与他人之间的关系，让生活更加美好和从容。

想要幸福，就不要心浮气躁

有人说自己的坏脾气是天生的，是从父母那里继承来的；有人说自己的坏脾气都是被生活折磨的，所以才会愈演愈烈。所谓脾气，就是人的脾气秉性和性格，因而说坏脾气是天生的也有些道理，因为性格的确会有一定的遗传作用。说性格是由于后天养成的，也无可指责，曾经有心理学家经过研究发现，出生之后的成长环境、人生经历等，都会对人的性格形成起到很大的作用。

当然，调整和改变心态，并不是那么容易做到的。现实生活中，人们承受着越来越快的生活节奏，日益增大的工作压力，也在金钱和物质的刺激下，有了更加深重的欲望，饱受欲望的折磨。然而，这一切与幸福都是背道而驰的，消极的人在这样重重压力的生活中感到窒息，积极的人却采取完全不同的态度，因而更能够承担起生活的重担，成为人生的强者，真正的顶天立地。

有些人即使拥有得再多，也无法收获幸福；有些人哪怕得到的很少，却能够享受到幸福的滋味。任何情况下，想要幸福，就要摆正心态，健康积极、知足常乐的心态，是幸福的基础，也是幸福的保障。幸福永远只属于内心淡然的人，正如一首诗中所说的"有心栽花花不成，无心插柳柳成荫"。幸福就像是手中的流沙，握得越紧，越容易失去。既然如此，还不如以淡然的心境对待幸福，这样才能收获满满的幸福。

　　从大学毕业后，小工就来到现在的公司工作，对于人生和未来，她有明确的打算和规划。然而，工作一段时间之后，小工却完全迷失了。她看着身边的同事过着有钱人的生活，动辄开着几十万的车子，花钱如流水，不由得内心失去平衡。她很清楚那些同事都是土生土长的本地人，有些特别有钱的都是拆迁户，根本不差钱，来上班也只是为了混个乐子。小工原本还想通过自己的努力买房买车呢，此刻却想：为何我不是本地人？为何我家没有拆迁的房子呢？我是不是可以找个具备这些条件的男朋友，那么所有的问题就会迎刃而解了？

　　渐渐地，一直努力工作的小工变了。她不再把所有心思都扑在工作上，而是花费更多的时间和精力去寻找"爱情"，期望通过这样的方式来改变命运。有的时候，遇到"钻石王老五"的客户，小工也会和客户一起出去吃饭。看着小工越来越夸张的妆容和穿着，上司意识到小工的变化，不止一次为小工敲响警钟："有些同事啊，才来大城市几天就开了眼界，也想飞到高枝上了。我不得不提醒大家，大城市里人员复杂，很多事情并非我们看到的那么简单，只有脚踏实地地做人做事，才能让自己有所成长，也有所收获。"然而，这样善意的提醒对于双眼已经被物欲迷住的小工而言，丝毫不起作用。最终，上司开除了小工，小工呢，随随便便找了一份工作之后，又做起了不切实际的发财梦。

　　其实，小工一开始的想法是对的，那就是努力打拼，凭着自己的辛苦和汗水，在大城市里买房买车，真正地站稳脚跟。人人都想在大城市立足，是因为大城市里经济更发达，工作的机会更多。但与此同时，大城市物质的诱惑也很多，很容易让人目眩神迷，在不知不觉中就迷失了自己。小工如果能够不忘初心，还是有可能实现梦想的，可惜她很快就变得目眩神迷，根本不知道自己最初的梦想和愿望是什么了。

很多人在繁华的大城市里生活，都会因为各种各样的诱惑而迷失本心。当然，想追求和得到品质更高的生活，这无可厚非，重要的在于我们如何达到这样的目的，如何才能在与人生的较量中真正获胜。万丈高楼平地起，不管做什么事情，我们都要脚踏实地，一步一个脚印地向前，否则就会在人生中迷失方向，最终一事无成。

坏脾气使得人见人怕，与好运绝缘

坏脾气的人为何总是与坏事情结缘，根本无法摆脱坏运气的纠缠呢？其实，人人都知道坏脾气带来的负面影响和坏处，在坏脾气的诸多罪状中，有一条是理应引起大家重视的，那就是坏脾气会把好事情变成坏事情，导致自己陷入苦恼和懊丧之中无法自拔。毋庸置疑，好事转瞬之间变成坏事，这是很让人懊丧的，也会使人觉得很苦恼。要想避免这种情况的发生，最该做的就是控制好脾气，驾驭自己的情绪。否则，当好事情变成坏事情，而且事态严重到无法控制时，再去后悔和补救就晚了。

坏脾气的人之所以总是坏运气接连不断，对于坏事也无法摆脱，从本质上而言，是因为他们已经形成了负能量的磁场。众所周知，磁场具有强大的吸引力，一旦形成负能量磁场，就意味着坏脾气的人会在不知不觉间吸引很多负能量和坏情绪到身边，而且他们周围的人也都是充满负能量的。由此一来，他们陷入恶性循环之中，既是坏脾气和负能量的传递者，又在无形中吸引了更多的坏脾气和负能量的传递者来到身边。

现实生活中，时常发生好事情变成坏事情的事例，这都是坏脾气惹的祸。很多人坏脾气的爆发都是突如其来的，根本没有任何预警和征兆。有的时候，因为坏脾气发作，人与人之间还会陷入误解，产生悲剧，这也是让人感到很苦恼和抓狂的。如果你经常看影视剧，你就会知道在跌宕起伏的剧情里，误会是罪魁祸首。坏脾气偏偏会使人产生误解，尤其是当坏情绪剧烈爆发时，人们根本没有时间和机会去解释清楚一切事情。当真相被愤怒掩埋，可想而知结果多么令人担忧。与其等到事情恶化到无法挽回的程度，我们不如冷静理智地了解事情的真相，从而寻找到最适合解决问题的方法，这样才能及时引导事情朝着好的方向发展。

　　小米和小叶自从大学毕业后，就同时进入这家公司工作。性格外向开朗的小米加入了销售部，而文静内敛的小叶则加入了行政部。在大学时期，小米和小叶的成绩在班级里就名列前茅，她们在工作上的表现同样令人瞩目。

　　七八年的时间过去，小米和小叶各自成为所在部门的骨干，小米是销售部的主管，小叶是行政部的主管。最近，公司里传出谣言，说是一位副总因为与老总不和，所以跳槽了，这样一来，公司里必须再提拔一名副总。几个部门的主管都对副总的职位觊觎很久，小米和小叶也想借着这个千载难逢的好机会成功上位。在所有的竞争者中，她们俩的资历是最老的，不过小米觉得自己胜算更大。因为她是负责销售的，这些年来为公司创造了很多业绩，也让公司赚取了很多利润。小叶呢，虽然在行政部也是出类拔萃的，但是毕竟行政部没有那么多重要的工作，处理的都是日常琐事，为此小米觉得自己一定能够战胜小叶，获得副总的职位。和小米相比，小叶则显得淡定很多，平日里既不说升职的事情，也从来不打听。

　　毫无悬念的，小米和小叶都进入候选人名单。一只靴子已经落地，另一只靴子何时落地呢？小米等得很着急，小叶则气定神闲，好像对于副总的职位丝毫不感兴趣。有一天早晨，高层突然传来风声，说已经确定让小叶当副总。对此，小米马上表示强烈反对，甚至当即气势汹汹地找到相关的领导，质问对方为何小叶能够当副总。小米不知道的是，小叶也同时得到消息，说小米已经被定下来升任

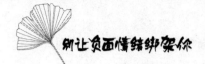

副总。但是，小叶没有冲动地跑去质问相关领导，而是依然波澜不惊地把该做的工作做好，就像没有发生任何事情一样。

毫无疑问，在高层领导对小米和小叶展开的最后一项考核——情绪控制考核中，小米失败了，小叶则占据优势。最终，小叶真的成为副总，也还是一副波澜不惊的样子，照样把副总的工作做得井井有条，让任何人都说不出"不"字。

坏脾气，除了让事情发展到不可挽回，使得好事变成坏事之外，还会破坏人际关系。很多人曾经饱受坏脾气之苦，然而自己却也无法驾驭情绪，更不能控制住坏脾气。这样一来，每个人也就成为自己讨厌的人，想想都觉得可怕。也许有人会说："我是一个好人，只是脾气差了点。"不得不说，所谓的好人是苍白无力的，因为一个人即使再好，也无权要求别人容忍他的坏脾气。而真正的好人总是能够控制住自己的脾气，也能够与他人友好相处，建立良好的人际关系。

人是群居动物，每个人在与他人打交道时，不可避免会产生各种矛盾和纷争。与其因为坏脾气把事情弄得不可收拾，不如最大限度调整好心态，也整理好情绪，这样才能保持心平气和对待他人。所以不管你是好心眼的坏脾气，还是纯粹的坏脾气，都要认清楚一个事实，那就是唯有控制好自己的脾气，你才能在生活、学习与工作中都梳理好情绪，控制好节奏，从而在人生的道路上收获更多，拥有更多。

幽默是金，让你悦人悦己

人们常说，幽默是金。这是因为幽默是一种可贵的品质，也是一种非常值得赞许的能力。一个人只有拥有智慧，能生动灵活地调整思路，针对具体的事情和问题做出及时应对，才能最大限度地发挥幽默的能力，给自己和他人带来快乐。

前文说了很多关于坏脾气的恶劣影响、糟糕结果和负能量场的事情，接下来不如说些积极的内容。众所周知，坏情绪是会传染的，那么好情绪呢？如果好情绪也是会传染的，那么当把坏情绪与好情绪放在一起，到底是朱会染了墨，还是墨会染了朱呢？其实这个命题是伪命题，根本没有答案。因为坏情绪和好情绪仅从字面来看是一对反义词，实际上却并不能相生相克，也不能相互抵消。一个坏脾气的人和一个好脾气的人在一起也许会水火不容，也许会相安无事，相处融洽，但不能彼此消融。

当然，好情绪的人如果能够调节好自己的情绪，充分发挥幽默的力量，也许会在坏情绪的人爆发情绪之前，就调整好情绪，从而把情绪的隐患消除于无形。这是幽默在发挥力量，让人会心一笑，他人才会忘记烦恼和忧愁，只记得笑容。由此可见，好脾气的人要想发挥好情绪的感染力量，协调好沟通的氛围和节奏，还需要充满智慧，懂得幽默呢！

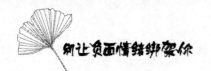

在春秋五霸中，楚庄王尤其喜欢马。有一年，楚庄王最喜欢的一匹马死了，他痛苦得不能自己，就提出了一个过分的要求：文武百官都要为马致哀，而且要把马像大夫一样厚葬。听到这样的无理要求，官员们马上议论纷纷，他们都有很大的意见。有些胆小的官员只敢私底下议论，而很多胆大的官员则直接上书给楚庄王，要求楚庄王收回成命。但是楚庄王已经昏头昏脑，根本听不进去任何劝谏。他甚至又下了一道命令：胆敢有人对此事有异议，马上斩首示众。

乐人优孟得知此事后，马上进宫面见楚庄王，想要说服楚庄王收回成命。但是，优孟不想失去自己的性命，为此他开动脑筋，想出了既能达到说服的目的，又能保住性命的好方法。只见优孟一见到楚庄王就痛哭流涕，楚庄王不明所以，因而问优孟为何这么伤心。优孟一本正经地说："我是来哭丧的啊，大王。听说您的爱马死了，这可是您最心爱的马啊。不过我觉得按照大夫的规格埋葬爱马还是不够隆重，而应该按照君主去世的规格厚葬爱马。"楚庄王听到优孟的话正合心意，于是赶紧追问："你的想法很对，那你觉得具体应该怎么办呢？"

优孟话头一转，开始以诙谐的语气说："大王，为了表示隆重和厚待，必须用精雕细琢的美玉给爱马做一口棺材。在出殡的时候，还要让全城人都来给爱马送行。当然，奢华的坟墓是必不可少的，此外还要建立寺庙，这样以方便全城的人随时祭奠爱马。到时候，不用多说什么，每个人都会知道大王对于爱马的重视程度，也会知道在大王心中，人的地位和性命是多么卑贱。"说完这番话，优孟就看着楚庄王，而楚庄王呢，早已经羞愧得满面通红，不知道如何才能补救了。后来，在优孟的建议下，楚庄王决定把爱马的肉分给文武百官食用，才算挽回了恶劣的影响。

如果优孟不是以幽默的方式让楚庄王醒悟，楚庄王很有可能真的砍掉优孟的脑袋。这是因为在君主高高在上、君为臣纲的封建社会，作为大臣，是不能对君主不恭敬的。极度的恭敬，使得当君主做出荒唐事时，作为臣子的大臣必须想出适宜的办法，才能有效劝说君主。否则"伴君如伴虎"，还没达到劝说的目的呢，自己的脑袋就先掉了，这样的事情在历史上并不罕见。

显而易见，优孟是非常聪明的，面对君主的固执己见，他没有直接就表示反对和否定，而是采取欲抑先扬的做法，先以顺从君主的说辞赢得君主的认可，哄得君主开心，再夸张地说些符合君主心意的话，之所以要夸张地说，正是为了让君主自行反省，意识到自己的做法是不可行的，也会造成恶劣的影响。谁能想到最终优孟不但说服了君主放弃以大夫的规格礼仪厚葬爱马的想法，还说服君主把爱马贡献出来，给文武百官吃掉，从而最大限度减轻了葬马事件的恶劣影响。优孟做到的这一切都是靠着幽默的力量。

有人说，幽默是智慧的最高表现形式之一，这句话真的非常有道理。一个人唯有拥有机敏的想法、随机应变的智慧，也博闻强识、博学多才，才能在危急关头以幽默解决问题，也真正有效地缓解尴尬的局面，打破冷场。当然，幽默既非天生的能力，也不是朝夕之间就可以得到的能力。每个人唯有潜心下来，努力地提升思想，充实智慧，才能真正掌握幽默的真谛，才能以幽默改变自己的心态和坏脾气，也给他人带来明媚的阳光和积极的心态。

假装高兴，你就会真的高兴

　　心理暗示主要分为两种：一种是消极的心理暗示，使人更加沮丧绝望，完全不能提起信心和兴致去做任何事情；一种是积极的心理暗示，能够给予人心灵的养分和力量，让人在面对很多艰难困苦的时候，能够鼓起勇气，振奋精神，勇往直前。曾经有心理学家经过研究证实，每个人每天早晨起床之后，如果能够对着镜子里的自己微笑，给予自己积极的心理暗示，在一段时间之后，他整个人的精神状态都会变得不同，人生状态也会有很大的改变。

　　为什么对着镜子微笑之后，心情就真的好起来了呢？从心理学的角度而言，对着镜子微笑，实际上是给自己积极的心理暗示。在积极的心理暗示作用下，假装高兴，你就会真的高兴起来，整个人的状态也就变得不同了。对于人而言，笑有着非同寻常的意义，全世界的人都会使用笑容来表达自己的心情，例如满足的笑、欣慰的笑、快乐的笑、高兴的笑、勇敢的笑……所有的笑都和积极的正能量有关系，哪怕是苦笑，也意味着哭中带笑，也意味着坚持不懈，也意味着决不放弃。走遍世界，也许你不懂得其他国家和民族的语言，但是一定要会笑。当你笑起来，整个世界都会变得友好，都会被你融化。既然笑容有这么神奇的作用和力量，我们为何不对自己微笑，向自己绽放笑容呢？

　　从心理学的角度而言，笑是人善良、友好、心态宽容平和的表现。笑不仅仅是身体上的动作，更能够影响人的情绪，使人体内的胺多酚含量也随之增高。人在绽放笑容时，全身之中至少有八十块肌肉会被牵动，此外，诸如哈哈大笑等还能增强肺活量，强身健体。遗憾的是，随着我们渐渐地成长，笑容越来越少了。曾经有心理学家经过统计，发现婴儿每天大概笑四百次，但是成年人每天只笑大概十五次。这两个数字简直使人触目惊心，是什么剥夺了成年人的笑容？是什么让成年人的世界里充满愁苦呢？每个人都应该常常保持欢声笑语，这样生命之树才会常青，人生也才充满各种乐趣和"小确幸"。

笑容的作用如此神奇，当坏情绪来侵扰我们的时候，最好的方式不是与坏情绪对抗，也不是刻意逃避坏情绪，而是勇敢地面对坏情绪，以灿烂的笑容和积极的心态，更好地消除人生中的负面情绪，给予人生更大的发展空间。除了笑容，及时消除坏情绪的方式还有很多，例如可以找一些幽默的短文看看，或者做一些让自己感到高兴的事情。这样一来，就能把坏情绪消除于无形。

樱桃是办公室里的开心果，不管是谁只要有了烦恼，都会第一时间和樱桃倾诉。有段时间，菠萝失恋了，也和樱桃倾诉。听说那个女孩为了一个更有钱的男人劈腿菠萝，樱桃居然说出了惊世骇俗的话，让菠萝大跌眼镜："你为什么要伤心啊，你应该感到开心和庆幸才对！你想啊，你这是没结婚被甩了，要是结了婚再发生这样的事情，那你岂不是戴了大大的一顶绿帽子吗？天下好女孩多的是，何必单恋一枝花呢！相信我，我负责再给你找一个女朋友。"

在樱桃之前，菠萝从未听到过任何人这么安慰自己，还劝说自己要高兴起来。后来，樱桃自掏腰包请菠萝喝酒，说是为了庆祝菠萝消除了一个婚姻中的隐患。菠萝暗暗想道：这样的安慰也没谁了，我不高兴都对不起樱桃，也不知道她怎么绞尽脑汁才想出这种安慰我的办法！就这样，樱桃和菠萝成了莫逆之交，后来又

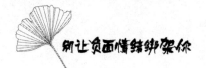

成为红颜知己，再后来菠萝居然牵着樱桃的手走入了婚姻的殿堂。可想而知，拥有了樱桃的菠萝，每天都笑得合不拢嘴，每天都会十年少！

因为感恩于樱桃煞费苦心的安慰，菠萝只好说服自己努力地笑起来，笑着笑着，他的心情真的好起来了。其实，很多事情并没有我们想象中那么糟糕，只要换个角度想问题，你就会发现截然不同的风景。

当然，每个人都是这个世界上独一无二的生命个体，所以人的脾气秉性各不相同。当遇到心绪低沉的时候，不如采取自己最喜欢的方式消除压力，也可以以自己最喜欢的方式找回快乐。唱歌、跳舞、跑步、健身……既然找回快乐没有统一的方法和标准，每个人完全可以"八仙过海，各显神通"。朋友，如果此时此刻你的嘴角是往下的，烦请您牵动下嘴角两侧的肌肉，让它呈现出快乐的笑容，好吗？你会发现，你的心情随着嘴角的上扬，也变得越来越明媚，真正充满阳光。

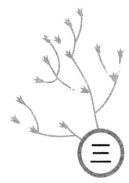

三

生活不是用来计较的，患得患失害死人

　　"生命就像一条大河，时而宁静，时而疯狂。现实就像一把枷锁，把我捆住，无法挣脱……"汪峰的这首《飞得更高》唱出了无数人的心声，也唱出了每一个人对于生活的无奈。常言道，人生不如意之事十之八九，在很多情况下，我们必须对生活睁一只眼闭一只眼，不要对生活斤斤计较，这样才能避免被患得患失磨掉对人生的理想和热情。

会妥协的人，才能被生活善待

细心的人会发现，很多情况下，人生的转折并不总是出现在关键时刻。在人生之中，总是发生各种各样的小事，恰恰是这些看似不起眼的小事情，很有可能让生活出现翻天覆地的变化。难道我们就非要对小事斤斤计较、患得患失吗？当然不是。如果人生始终沉湎于这些小事之中，就会遭遇很多的困境，也会失去幸福的心境，只有调整好心态，也以端正的态度面对人生的琐碎，才能得到更多的幸福与快乐。

人应该学会妥协，对于小事能不记挂在心的就轻松放下，对于大事情，也要权衡利弊，及时做出选择，果断取舍。人人都有梦想，追求梦想固然是理所应当的，在梦想的激励下，人人都在坚持，想要通过自身的不懈努力实现梦想。然而，梦想是丰满的，现实是骨感的，很多人在实现梦想的过程中与现实过招，却以失败而告终。梦想固然是用来坚持的，当梦想暂时不能实现时，我们也要学会调整梦想，从而顺应现实，发挥人生的智慧，这样距离梦想会越来越近。

在现实生活中，细心的人会发现，有很多人放弃了所有去追求梦想，却始终与梦想失之交臂，或者总是与梦想背道而驰。就像一个人选择一份工作，真的已经拼尽全力也坚持了很久，却始终没有成功地接近工作目标，那么这时就要想一想自己是否真的适合这份工作。对于梦想也是如此，如果不能无限接近，就要反思自己是否真的能够实现梦想。愚蠢的坚持看起来值得钦佩，实际上却是斤斤计较、不能变通的表现。

大学毕业后，伊兰始终没有找到合适的工作。她对于自己的未来有很高的要求，认为自己在十几年寒窗苦读之后要成为一家大企业的白领，过上自己梦寐以求的体面生活。虽然有几家公司都向伊兰伸出了橄榄枝，伊兰或者觉得待遇不够好，或者觉得公司的地址不在商务区，因而都否定了这些公司。时间飞逝，转眼之间，伊兰已经毕业半年了。她的很多同学早就找到了工作，而且渐渐地适应公司，把工作做得风生水起，唯有伊兰还留在家里，成为父母的忧愁所在。

有段时间，父母劝说伊兰先找一份差不多的工作做着，伊兰对此却坚决拒绝。她的理由很简单："我好不容易才考上名牌大学，怎么能不找一份让自己满意的工作呢？"就这样，伊兰找来找去，一年多了也没找到心仪的工作，反而在家里待得越来越懒惰，整个人也萎靡不振，对前途失去了信心。

每一个大学毕业的学生，对于工作都有着很高的要求，也难免会犯眼高手低的错误。伊兰就是一个很好的例子，因为对于工作期望过高，所以她对于自己的期望也水涨船高。殊不知，现实是很残酷的，每年这么多大学毕业生，人才早已经处于过剩的状态，只靠着一纸文凭就想找到好工作的年代已一去不返，大学生除了有过硬的文凭之外，更要聪明勤奋，踏实肯干，这样才能最大限度发挥自身的能力和水平，也增加自己获得成功的资本。

尤其是在找工作的时候，既不要抱着敷衍了事的态度，也不要过于计较。凡事没有十全十美，更不可能面面俱到，只有学会取舍，坚持主要原则，放弃对一些小细节的斤斤计较，才能更加地从容淡然。

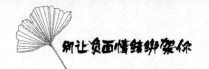
现实生活中，每个人都会遇到各种各样的事情，也会遭遇形形色色的困境，但依然需要拥有一颗勇敢向上的心。人有欲望当然是好的，如果不能把欲望降低，或者被欲望驱使，则往往会陷入被动的困境中。这就要求每个人都要做到实现理想与现实的平衡，既要认清现实，也要努力地抓住机遇，勇敢拼搏。

墨菲定律：你担心的事总会发生

　　细心的朋友们会发现，生活中有一种奇怪的现象，让人感到非常费解，也使人觉得莫名其妙，那就是越担心什么，越来什么，躲都躲不掉。这是为什么呢？难道冥冥之中真的有一种力量，似乎在把人玩弄于股掌之中，故意捉弄人吗？其实不然。这种现象在心理学中，被称为墨菲定律。墨菲定律是一种心理学效应，告诉人们很多事情都不会如同预想般顺利完成，而如果你担心某件事情，那件事情就真的有可能发生。简而言之，即事情只要有变坏的可能，就总是会变坏。听起来，墨菲定律似乎有些消极，实际上却很有道理，正因为如此，人们才要做好最坏的打算，才能有效地帮助自己规避最坏的结果。当然，需要注意的是，之所以做出最坏的打算，恰恰是为了规避最坏的结果，而不是为了给自己消极的心理暗示，让自己无可避免地得到最坏的结果。

　　现实生活中，每个人都有很多担忧，与其一味地陷入忧虑之中无法自拔，不如想好最坏的结果，然后向着积极的目标不断努力奋进。这样一来，不管结果如何，你都不会感到难以接受，也因为有了心理准备，所以即使面对最糟糕的结果，也依然能够坦然面对。反过来看，每个人也要尽量避免给自己消极的心理暗示，从而避免最糟糕的结果出现。

　　生活的本质就是不完美，对于人生，许多人觉得不如意，觉得有瑕疵。然而，

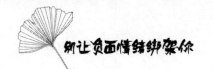

生活就像流水一样，一个人不管是从容面对生活，还是紧迫面对生活，都无法阻挡时间的脚步，都不可能完全摆脱命运不公平的捉弄。在这种情况下，为何不摆正心态从容应对呢？正如古人所说"兵来将挡，水来土掩"。既然哭着也是一天，笑着也是一天，我们就要笑着度过生命中的每一天，而不要因为哭泣错过了太阳，再错过群星。

　　大学毕业后，夏鹏没有像大多数同学一样追求去大公司，相反，他觉得只要个人能力强，即使去小公司也会有很好的发展，也能实现自己的价值。果不其然，他选择去一家刚刚起步的小公司，还和同学们开玩笑说自己要借机成为这家小公司的元老级人物。遗憾的是，这家小公司的发展并不顺利，五年的时间过去了，夏鹏虽然是元老，却因为公司规模的限制，依然只承担着普通的工作。而且，也因为公司里人很少，所以老板直接管理，夏鹏也根本没有晋升的机会。

　　在这样的情况下，夏鹏越来越苦恼，也意识到现实的残酷。再看看那些当年去了大公司的同学，有好几个同学都已经成为公司的中层管理者，而且薪水也水涨船高。在同学的介绍下，夏鹏也来到一家大公司，从基层开始做起。夏鹏心中有所不甘，不愿意就这样沉沦下去，为此他对于工作非常认真负责，努力付出。果然没过多久，夏鹏就在工作上有了小小的成就，为此也得到了上司的器重。很快，上司交给夏鹏一个重要的项目，让夏鹏全权负责。夏鹏很想借此机会好好表现，为此他对项目非常负责，也很用心，甚至还很担心自己把项目搞砸了。虽然在小公司的时候，夏鹏不止一次负责过这样的重要项目，但是因为太在乎上司对自己的评价，也太想借助这个机会让自己扬眉吐气，最终夏鹏还是把项目搞砸了。对于夏鹏的表现，上司非常失望，夏鹏也不明白为何自己兢兢业业，非常用心，却始终无法搞定项目！

在这个事例中，夏鹏的经历就是典型的怕什么来什么。对于夏鹏而言，他虽然在小公司就曾经接触过很多重要的大项目，但是一旦换了公司，他的所有经验和资历都会归零。也因为看到同学们在大公司都成为中层管理者，不但职务很高，而且薪水也水涨船高，所以夏鹏未免心急如焚，迫不及待想要弥补和同学之间的差距。所谓近情情怯，当一个人过分紧张和在乎某件东西的时候，未免会感到心力憔悴。其实凡事都有成功和失败的可能，如果夏鹏能够调整好心态，以淡然的心境面对这一切，那么他反而能发挥自己的正常水平，不会在工作的过程中出现重大失误。

越是担心出现问题，问题越是容易发生；越是想要避免某些问题，某些问题越是容易出现。实际上，这种现象看起来很玄奥，实际上却是由于人们的心态导致的。当我们想把一件事情做好的时候，就不要总是患得患失，也不要因为最坏的结果而担心。想清楚最坏的结果，做好最糟糕的心理准备，接下来就是要努力向着好的结果努力，而不要总是因为过于苛责而导致自己紧张万分。

在这个唯物主义的世界，没有唯心主义的方法会起到作用。心态并不能改变客观存在的世界，但是却会影响人们的心境，尤其是坏心态，会导致人们发挥失常，最终影响事情的结果。生活原本就是无常的，每个人面对生活都要摆正心态，端正态度，更要在做好最坏准备的情况下，向着最好的结果努力。天道酬勤，功夫不负有心人，也许努力了没有结果，但是不努力就不会有任何结果。既然如此，为何不放下心中所有的焦虑和担心，去努力做好眼前的事情呢？

生活是模糊数学，不是精确数学

大名鼎鼎的书画家郑板桥曾经说过，难得糊涂。这四个字被作为传世箴言流传下来，给无数后人以启迪。实际上，人生中尽管有些事情需要耳清目明，但也有些事情的确是需要以糊涂的心对待的。在应该装糊涂的时候，要装糊涂，而如果能够做到真糊涂，则会收获更多的幸福快乐，也少了一些斤斤计较的怅然若失。

难得糊涂告诉我们，生活中有些事情如果是应该放下的，就要放下。很多人偏偏犯自作聪明的小错误，总觉得唯有算得清楚，人生才不会吃亏。殊不知，这样的聪明只是小聪明，不是真聪明。真聪明的人会该装糊涂的时候装糊涂，而在不应该自作聪明的时候就放下自己的小聪明。人的本能就是趋利避害，人人都会做对自己有益的事情，而避免伤害自己。尤其是现代社会，经济发展速度很快，物质对人的刺激，使得很多人都陷入欲望的深渊中无法自拔。为了得到最大的利益，很多人机关算尽，最终却捡了芝麻丢掉西瓜，懊丧不已。实际上，生活向来都是模糊数学，而并非精确数学。每个人都要把目光看得更长远，而不要总是盯着眼前的蝇头小利无法放弃。很多情况下，占便宜就是吃亏，而吃亏恰恰是占了大便宜。

作为一家房地产公司的经理，张丹新官上任就迫不及待烧起了三把火。张丹先是规定全体员工上班不得迟到早退，又规定每一位员工都必须完成当天的量化任务，还明确要求新人必须向老人学习，老人必须尽职尽责带好新人。

看到张丹一本正经的样子，大家也都非常配合。然而，没过多久，张丹就发现部门里的老员工赵伟总是早到早退。虽然赵伟整体的工作时间并不少，但是张丹还是在会议上对赵伟展开批评。赵伟也有话说："公司规定就是六点下班，虽然大家都自觉加班到八点，但是我早晨比大家早来了一个半小时，也没有在公司吃早饭和晚饭，所以我真正的工作时间并没有比在座的各位少。"听到赵伟对自己的解释，张丹很不满意，当场对赵伟提出批评。对此，其他同事也都议论纷纷，觉得张丹太把自己当个官了。原来，赵伟每天都要接送孩子，家又住得比较远，所以才会早到早走的。其实很多公司都实现弹性工作时间，按照打卡时间来计算工作时间，大家不知道张丹为何要拿资历最老的赵伟来当反面榜样。

尤其是赵伟的业绩还很稳定，因为年纪大，也很愿意吃苦挣钱，所以赵伟在工作时间内非常努力，根本不像其他的年轻员工那样总是利用上班时间做私人的事情，或者发呆走神，等等。就这样，才不到一个星期，赵伟就申请调到另外一个经理的手下，张丹追悔莫及，却又悔之晚矣，不管他怎么挽留，如何对赵伟表示理解和体谅，都已经晚了。

作为公司的领导，绝不是斤斤计较地盯好每一个员工就能胜任领导工作的。每一个员工都有自己的特殊情况，作为领导，要在制定好管理规则的基础上，意识到规矩是死的，而人却是活的。唯有如此，他们才能对员工恩威并施，也才能有的放矢给予一些员工更大的调整空间，或者对于某些年轻的、缺乏自制力的员工制定更严格的管理政策。唯有因人制宜，管理者才能做好管理工作，也才能得到员工的理解和拥戴。

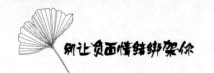

　　有人说，忘性大的人更容易收获幸福，这是因为健忘的人总是忘记生活中让自己不愉快的事情，而更轻松专心地享受幸福快乐。而记性好的人则总是牢牢记住很多不开心的事情，导致自己的心情受到影响，对于人生的感悟和体验也都大大下降。

　　当然，所谓的糊涂并不是对于所有事情都稀里糊涂。糊涂更多地是装糊涂，或者以糊涂的态度不那么斤斤计较。这里所说的糊涂是有意识的，也是一种为人处世的艺术。就像事例中的张丹，他在对待员工的时候不能做到因人制宜，而且也会因为过于计较而导致事情变得更糟糕，甚至无法收场。在现实生活中，对于鸡毛蒜皮的小事情应该学会糊涂，对于不影响大局的事情也可以假装糊涂。人在看很多问题的时候，该装糊涂的时候，就应该装糊涂，这样才能让事情朝着更好的方向去发展。

相爱，就不要猜测

　　爱情，是造物主赐予人类最美好的礼物。多少人因为爱情而变得幸福快乐，也有很多人因为爱情而痛不欲生。有人说爱情是美好的，有人说爱情是对人最痛苦的折磨，那么到底爱情是怎样的呢？拥有一份完美的爱情，对于每个人而言都是至高无上的感情梦想，遗憾的是有些人在错的时间遇到错的人，有些人在错的时间遇到对的人，有些人在对的时间遇到错的人，有些人在对的时间遇到对的人。毋庸置疑，在这四种情况中，最后一种情况是最美好的，也是能够得到祝福的爱情。遗憾的是，即使在对的时间遇到对的人，也有可能因为各种原因而有缘无分。在这种情况下，相爱的人要如何相处，才能让缘分同时到来，才能拥有幸福美好的未来呢？

　　有些爱情最终取得了圆满的结果，羡煞旁人。有些爱情却以轰轰烈烈开始，以黯然结束收场。这是因为相爱容易相处难，每个人要想经营好爱情，只有热情是远远不够的，还要有相爱的能力，更要懂得遵守爱情的相处规则。

　　有些爱情结束，是因为爱情终究抵不过两地分居的残酷现实，所谓千里共婵娟，只是人们对于爱情不切实际的期望而已，在如今凡事都进入快餐时代的情况下，相隔千里已经足以抹杀爱情。有些爱情结束，是因为原本亲密无间的爱情有了第三者插足，导致出现了无法修复的深深裂痕，破镜再难重圆，只好选择结束

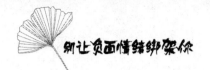

爱情。还有些爱情被时间这把杀猪刀变得无比沧桑，看不出本来的面目。原来，岁月不但是容颜的杀猪刀，也是爱情的杀猪刀，有谁还能敌得过岁月的无情呢？也许有人会说，真正的爱情经得起两地分居，经得起第三者的诱惑，也经得起时间的无情摧残。不得不说，这样坚贞不渝的爱情在现代社会已经越来越少见了，在这个方便面爱情的时代，人们只能屈服于现实，从爱情马拉松进入爱情百米冲刺，从爱情的坚若磐石到爱情的不堪一击。是爱情变得脆弱了，还是人的心和感情都经不起任何考验了？

爱情，最害怕的是彼此猜忌。人与人之间的相处，原本就要以坦诚相对为基础。对于相爱的人而言，如果失去了最基本的信任，还怎么能够相互理解和包容，相互信任和坚定不移地站在对方的身边呢？除掉上述的所有因素之外，猜忌也会使原本亲密无间的爱人如相隔着万水千山。正如周星驰在《大话西游》里说的，世界上最遥远的距离是什么呢？就是猜忌。猜忌胜过万水千山给人造成的重重阻隔，也会让人在生命中失去享受爱情的权利。相爱的人一定要更加理解对方，更包容和信任对方，这样爱情才能长长久久，经得起一切残酷的考验。

大学毕业后，小裴就和青梅竹马的恋人、同班同学赵凯结婚了。结婚后，小裴很快怀孕了，也就没有再上班，而是安心在家里养胎。孩子出生后，赵凯开始和几个同学、朋友一起创业，变得更加忙碌，所以小裴理所当然地留在家里相夫教子。同学聚会时，很多女生都羡慕小裴真正是个太太了，过着悠闲惬意的生活，小裴也只是笑笑，并不说话。

渐渐地，小裴从享受全职太太的生活到心态越来越浮躁，甚至陷入莫名的恐惧中。原来，赵凯的公司发展很顺利，规模也不断地扩大。有一次，小裴去给赵凯送点心的时候，发现赵凯居然有一个年轻漂亮、气质绝佳的文秘。回到家里，小裴马上要求赵凯换掉文秘，赵凯觉得莫名其妙："人家干得好好的，我为何要把人家换掉啊，这完全没道理啊！"听到赵凯的话，小裴坚持认为："如果你不把文秘换掉，就说明你和文秘之间有猫腻，有见不得人的事情。"在小裴的无理取闹之下，赵凯也非常生气，夫妻之间的这次谈话闹得不欢而散。

自从这件事情之后，小裴彻底失去安全感，常常因为各种各样的原因就质疑赵凯，也常常无缘无故和赵凯吵架。对于赵凯所说的"身正不怕影子斜"，小裴完全不以为然。渐渐地，小裴和赵凯之间的感情越来越疏远，实在无法忍受小裴无理取闹的赵凯痛苦地提出了离婚的请求。这下子，小裴居然跑到单位，狠狠地给了文秘两个大耳光。文秘太无辜了，根本不明所以。赵凯丢掉了颜面，下定决心要和小裴离婚，再也不愿意与歇斯底里的小裴一起生活。

对于婚姻和爱情，最宝贵的是什么？不是轰轰烈烈的激情，不是一见钟情的冲动，而是彼此的理解、包容和绝对的信任。夫妻的关系很特别，在所有的人际关系中是至亲至疏的。夫妻关系虽然亲密无间，但是一旦产生隔阂，又会非常疏远。在这种情况下，要想经营好爱情和婚姻，就要求夫妻双方都很努力，维持好彼此的信任，也绝不要辜负对方的信任。否则一旦信任被摧毁，再想重建就会很难。

有人说，要像珍惜眼睛一样珍惜荣誉，我们也要说，要像珍惜荣誉一样珍惜爱人对你的信任。不可否认，婚姻对于夫妻双方都是一种约束，这个世界上其实并没有绝对的自由。既然如此，夫妻双方一旦决定走入婚姻的殿堂，就要接受这种约束，信守对对方的承诺。有信任的爱情是最美好的爱情，值得爱人信任的你，才是最值得托付爱情的人。

职场，经不起你这山看那山

在职场上，人人都想得到领导和上司的赏识，把工作做得风生水起，从而让自己获得好前途。毋庸置疑，职场上的顺遂如意是人人都想得到的，偏偏命运最爱捉弄人，常常会以坏运气使人抓狂，让人歇斯底里。尤其是在职场上遭受委屈的时候，很多职场人士更是忍不住想要逃避，远离厄运，却不知道职场从来都是以实力代言的地方，经不起任何人这山看着那山高。

曾经有一个年轻人，在短短一年的时间里跳槽十几次。先不说他到底是因为什么跳槽，如此高的频率下，他甚至连一份工作的板凳都还没坐热呢，就选择了跳槽。长此以往，就算他能力再强，也无法真正把工作做好。特别是对于职场新人而言，想找到一份好工作是理所当然的，但是如果为了追求又轻松又有钱赚的工作就频繁跳槽，无疑不是一个好的选择。如果一个人在短时间里不停地跳槽，可想而知还有哪个用人单位敢用他呢？作为职场新人，必须调整好心态，面对一份工作要采取脚踏实地、踏踏实实的态度，才能真正静下心来，也才能调整好自身的情绪，让自己潜心下来认真做好手里的工作。

还有些职场人士对于自己正在做着的工作完全不上心，也瞧不起，觉得自己从事着卑微的工作，永无出头之日。古人有句话，叫"一屋不扫，何以扫天下？"这句话对于那些眼高手低的人而言，是一个非常好的警示。一个人如果总是好高骛远，自以为能做了不起的大事，到头来却连小事都没做好，可想而知他根本没有资格标榜自己的实力，更不能盲目地自我吹嘘。很多职场人士之所以患得患失，小事不愿意做，大事又做不了，与他们的心态有很大的关系。

大学毕业后，苏珊和艾米很久都没有找到合适的工作，看到有一家大酒店在招聘前台，她们决定去碰碰运气。因为外形条件、气质都不错，而且人也很机灵，所以虽然不是学习酒店管理的，苏珊和艾米还是被破格录取了。经理安排苏珊在前台，艾米在后勤。对此，艾米犹豫不决，一是没有更好的工作在等着她，二是她不甘心去后勤做一些粗笨的打扫卫生的活儿。思来想去，艾米决定放弃在酒店工作的机会，慢慢再寻找新的工作。当艾米提出辞职的请求时，经理很想挽留她，因为他觉得艾米是个好苗子，等到前台有空缺的职位，完全可以把她调动到前台。但艾米却说："我一分钟都不想留在后勤，我不想每天只能打扫客房。"

听到艾米这么说，苏珊主动向经理提出："经理，我愿意和艾米调换，您把前台的工作机会给艾米吧，我去哪里都行。"就这样，艾米如愿以偿留在前台工作，而苏珊则每天都要去打扫客房。苏珊对于清洁客房的工作非常认真和用心，她把自己负责的每一间客房都打扫得干干净净，马桶也刷得光亮可鉴。住过苏珊打扫过的客房，很多客人都给酒店写来感谢信，尤其点名感谢苏珊。渐渐地，苏珊在后勤部的名气越来越大。在后勤部主管被调动到分公司之后，苏珊理所当然晋升为主管。经理还让苏珊好好表现，说未来有可能提升苏珊为大堂经理呢！而艾米呢？在如愿以偿地获得前台的工作后，她每天都抱着当一天和尚撞一天钟的工作态度，想着一旦等到经济形势有所好转，她就要换工作，成为不折不扣的白领。可是直到苏珊已经成为酒店的大堂经理，艾米依然还是个小小的前台。

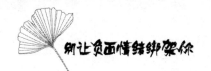

常言道，三百六十行，行行出状元。工作本身是没有高低贵贱之分的，之所以每个人在工作上有截然不同的表现，是因为每个人对待工作的态度不同。如果人人都和艾米一样对工作挑三拣四，而且还当一天和尚撞一天钟，那么可想而知，根本不可能从众多的竞争者中脱颖而出。反之，如果人人都和苏珊一样对待工作认真努力，一丝不苟，那么哪怕从事的是最基本的工作，也能够出类拔萃，获得丰厚的收获。

人总是喜欢挑山头，是因为他们意识不到自己此刻拥有的一切多么珍贵。尤其是在工作中，当遭遇重重困境和阻碍时，人更容易懈怠，甚至情不自禁想要逃避。在这种情况下，必须深刻意识到逃避不能解决问题，只有勇敢面对，积极地想出办法来处理问题，才能真正卓有成效地解决问题。否则，事情只会变得越来越糟糕，也会彻底地失去回旋的余地。人在职场，当你总是羡慕别人悠闲惬意的生活时，就要引起足够的警惕，也要知道所有的惬意都不是凭空得来的，而是凭着辛苦努力和不离不弃才最终得到的。

相信你的队友

很多人虽然置身于职场，但是却总是感到惶恐不安，尤其是在负责很多重要的项目时，他们更是会情不自禁地想要逃离。这到底是为什么呢？归根结底，是因为他们缺乏安全感，在团队作战的时候不信任自己的队友，导致在无尽的猜疑中心力憔悴。

如今，很多人在职场上缺乏安全感，他们无法顺利地融入团队，因而无形中被孤立起来。还有些比较敏感的人，觉得自己被团队反感和排斥。在这样的状态下，他们当然会发自内心地抵触团队，而不可能做到真心真意地想要融入团队。对于独立的个体，每个人都可以特立独行，这并不尴尬。而在团队中，如果被孤立，则是非常糟糕的感受。还有些猜疑心重的人，哪怕看到别人在窃窃私语，也会误以为别人是在说自己，因而忍不住把别人当成假想敌，也导致自己在团队之中更加孤独，看起来既不属于某个阵营，也跟别人完全不合拍。要想改变这种状况，只能相信队友，努力消除自身的不安全感，这样才是最重要的。当我们相信团队里的每一个成员，也真心诚意地想要融入团队，我们就会成为团队的一份子，也能够借助团队的力量发展和成就自己。

专科毕业后，罗飞没有找到合适的工作，只能退而求其次，来到一家公司里

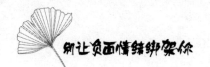

成为销售人员。对于销售工作，罗飞一开始并不十分感兴趣，因为他很清楚销售行业压力大，工作辛苦，而且与同事之间的竞争也很激烈。罗飞从小就是家里的乖孩子，对于处理人际关系一直不是很擅长，为此还没有正式开展销售工作，他就担心自己不能很好地与同事相处。

开始工作后，罗飞更是战战兢兢。他一则想要尽快证明自己的能力，能为自己赢得一席之地，二则害怕自己因为太过勤奋，给老同事造成压力。每天，当看到老同事在一起窃窃私语或者哈哈大笑时，罗飞就会觉得心惊胆战，他总觉得那些人说的是自己，为此也对老同事耿耿于怀。有的时候，同事们一起去吃饭或者唱歌，偶尔有同事邀请罗飞，罗飞也总是找各种理由拒绝，躲避开。就这样，罗飞与同事们之间的关系越来越紧张，最终，罗飞尽管业绩不错，却因为始终觉得自己是局外人，而不得不离开公司。

作为职场新人，总是担心自己能力不足，也害怕自己得不到同事的认可，这是正常的心态。适度的压力下，职场新人反而更能够激励自己不断进步和努力，收获更多。但是凡事皆有度，过犹不及，如果职场新人总因为过分担心，而导致自己畏畏缩缩，则会使自己的职业生涯发展受到局限，又因为猜疑心重，因而导致在团队中与他人离心离德。所以职场新人一定要调整好自己的心态，既要尊重现实，又要提振信心，这样才能恰到好处地发挥既有的能力和水平，从而取得更好的结果。在上述事例中，假如罗飞能够调整心态，与同事更好地相处，也找到各种机会和同事聊聊天，或者拉近距离，那么罗飞和同事之间的相处就会好很多。

具体而言，新人进入职场，首先可以借着请教工作的机会和团队成员多沟通。当新人采取谦虚的态度向老同事请教时，相信老同事一定会不吝赐教。当然，现代人都讲究情商，新人要想尽快在团队中站稳脚跟，也要有高情商。例如如今职场上的人大多数都在单位里吃午饭，那么就可以利用吃午饭的机会，和同事共进午餐，感谢同事对自己的指点，这样一来既回报了同事，也拉近了与同事之间的关系，可谓一举两得。

其次，每当公司里有集体活动的时候，作为新人一定要积极响应，还可以利用这个机会与同事们之间拉近关系，彼此更加熟悉。如果比较有心，新人还可以借此机会认识其他部门的同事，从而让自己在未来有机会和其他部门的同事合作时，因为彼此熟悉，而得到更积极的配合。人人都说要未雨绸缪，作为职场人士，更是要利用各种机会努力融入团队之中，与团队成员紧密团结，精诚合作，也为职场之路奠定良好的基础。

看淡金钱，人生才能清心

时代发展到今天，在整个社会的大环境中，经济快速腾飞，物质也极大丰富，很多人都因为受到外界金钱和物质的刺激，导致对于金钱的欲望越来越强烈。无数人梦想着一夜成名，或者一夜暴富，因此他们认为不管是名气还是金钱，都能彻底改变他们的生活，让他们的人生也彻底扭转。在这样的大环境中，越来越多的人利欲熏心，被金钱蒙蔽了双眼。

人如果成为金钱的奴隶，受到金钱的奴役，结果将会如何呢？不得不说，金钱不是万能的，没有钱却是万万不能的。每个人既不要视金钱为粪土，也不要对金钱趋之若鹜。现代社会虽然没有金钱是寸步难行的，但是有了金钱也并非就能解决一切问题。曾经有人说过，金钱可以买来床，却买不来睡眠；金钱可以买来陪伴，却买不来爱情；金钱可以买来昂贵的药品，却买不来健康；金钱可以买来房子，却买不来家……无论何时，金钱都不可能给予人生全方位的满足，不但不可否认的是，如果没有钱，人生也就无法得到很多必须具备的东西。金钱就是这么神奇，让人既爱又恨，既不能离开，又不能完全亲密。所以明智的人要树立正确的金钱观，摆正自己与金钱之间的关系，这样才能不受金钱的驱使，从容地做好自己。

今年，路遥已经二十八岁了。他的爸爸是一名医生，妈妈是一名教师，与很多的普通工人家庭相比，路遥家境优渥，从小并不为衣食住行发愁。然而，虽然路遥从小就过着衣食无忧的生活，但也许是因为爸爸妈妈很早以前就对路遥灌输金钱观念，所以路遥有着强烈的金钱观念，而且对于金钱也是很看重和努力追求的。

大学毕业后，为了尽快赚取人生的第一桶金，路遥没有去找工作，而是坚持开一家淘宝店。一开始，爸爸妈妈都是极力反对的，因为他们已经习惯了有铁饭碗的生活，但是耐不住路遥的软磨硬泡，他们还是拿出一笔钱给路遥作为启动资金。遗憾的是，因为缺乏做生意的经验，路遥的淘宝店经营惨淡，从开业之初生意就很冷清。很快，路遥就把爸爸妈妈给他的十几万元钱都赔了进去。后来，路遥还是不愿意工作，又要与朋友合伙开公司。爸爸妈妈依然反对，但是这次路遥更有主意了。得不到爸爸妈妈的帮助，他居然从银行贷了一笔钱出来，义无反顾投入到和朋友合伙开的公司里。

如今的商场就像战场，虽然没有硝烟，却是危机四伏。已经经历过一次失败的路遥根本不是那些商场老手的对手，他的朋友也丝毫没有做生意的经验，就这样，把公司勉强支撑了一年之后，他们不得不关门大吉。接连两次失败，让路遥赔进去三十几万。这次，路遥才意识到"君子爱财，取之有道"，并非人人都适合经商，他终于决定从事与专业对口的工作，也给自己一个积累资金和经验的机会。

人人都想升官发财，如果不能升官，发财就成为首要的追求。对于路遥而言，想要通过自己的努力改变命运，获得成功，原本无可厚非。但是如果过于心急，就会欲速则不达，也会导致自己进入被动的状态。其实，人是需要沉淀的。对于

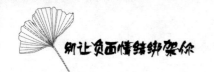

路遥而言，他缺乏的不仅是资金，更是在社会上摸爬滚打的经验。人生很奇怪，很多时候快就是慢，慢就是快。所以路遥最该做的是积累经验，这样才能让自己拥有更多的资本，也才能让自己不断地接近成功。

不可否认，一个人对于金钱的欲望如果太低，也是不好的。毕竟，现代社会并不适合视金钱为粪土，没有钱更是寸步难行。真正的淡泊名利，除非有过人之处，否则作为普通人，如果把一切都不看在眼里，则很难有所成就。对于金钱的适度追求，反而能够激励人不断地努力，也让人在坚持进步的过程中获得成长。凡事皆有度，过犹不及，作为现代人，一定要把握好追求金钱的度，也要看到凡事都有两面性，从而对金钱采取正确的态度。

有很多人对金钱过度追求，其实也是缺乏安全感的表现。他们总觉得金钱是一种保障，相信有了钱之后自己的能力会提升，也能实现很多的心愿。然而，金钱真的不是万能的。一个人如果穷得只剩下钱，那将会是非常可悲的。明智的朋友们会努力提升自己的心灵，充实自己的思想，让自己成为金钱的主宰，从而成功地驾驭人生。

相信，让友谊之树常青

前文说过，爱人之间需要彼此信任，爱情才能更加坚固，也不会因为猜忌让相爱的人分道扬镳，形同陌路。同样的道理，友谊也需要彼此信任。正如周华健所唱的，朋友一生一起走，每个人在人生之中都需要朋友的陪伴，这样才能不寂寞。否则，如果人生中没有朋友的出现，人生会变得很枯燥，也索然无味。

生活中，每个人都需要朋友。孩子从呱呱坠地开始，也许在婴儿时期没有朋友，但是随着不断地成长，一岁前后的孩子就很愿意与同龄人玩耍，这恰恰是他们对于友谊的需要。曾经有人说，即使再好的父母，也无法取代玩伴在孩子成长中的重要作用，这是非常有道理的。现代社会，很多孩子都是独生子女，从小习惯了一个人玩耍，内心也是孤独寂寞的。父母应该多多带着孩子和同龄人在一起玩耍，这样才能培养孩子与伙伴相处的能力，也才能让孩子更健康快乐地成长。

当然，尽管朋友之间应该彼此信任，亲密无间，但是作为朋友，还应该给对方更大的空间。有些人对于友谊非常霸道，总是希望对方只和自己一个人相依相伴。不得不说，这样的友谊太自私了。毕竟友情不是爱情，不需要一对一，一个人可以拥有很多朋友，也可以成为他人诸多朋友中的一员，这没有任何问题。要想拥有更好的友谊，就要相信朋友，也要给朋友独立的私人空间。

通常情况下，对于朋友不能做到完全信任的人，实际上是不相信自己。他们

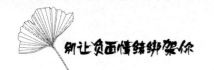

对于友谊患得患失，也总是怀疑自己不能拥有那么好的友谊，这样不但他们自己变得患得患失，陷入焦虑之中，就连朋友也会因为他们的不信任而变得很尴尬，很难堪，甚至不知道如何继续这段友谊。

思思和张旭是大学时期睡在上下铺的好朋友。大学毕业后，思思在爸爸的安排下，回到家乡当了一名小学老师，张旭则背起行囊，去了遥远的上海打工。从此之后，思思的生活和张旭的生活有了天壤之别。思思在家里过着衣食无忧的安逸生活，每天按时上班，按点下班，到了领工资的日子就可以和同事们一起吃饭唱歌，不亦乐乎。张旭初到上海，人生地不熟，既要租房子，又要找工作，所以生活过得狼狈不堪。张旭不但在公司打过地铺，还睡过地下室，吃过很多苦头。一年多之后，张旭才算安稳下来，找到了一家不错的公司，每个月都有七八千元的薪水。

就这样，时间流逝，转眼之间过去三年。思思在同事的介绍下认识一个男孩，决定结婚。不过，思思的父母都建议要先买房，男孩家里没有那么多钱，七拼八凑还差好几万呢，所以思思决定和张旭借钱。思思对张旭说："我买房子还差五万块钱，你借给我啊！"张旭很为难，有些迟疑地说："我手里也没有钱，不过我向同事借一下看看吧，我会尽快给你回复的。"几天之后，张旭告诉思思同事们手里的钱也都用来购买理财产品了，暂时拿不出钱来。思思半开玩笑半抱怨地说："你这个富婆一个月拿万把块钱，都工作好几年了，怎么连五万块钱也没有啊。我还攒了三万块呢！"张旭不知道该说什么，只是一个劲儿地向思思道歉。其实，思思不知道的是张旭的爸爸脑出血失去劳动力了，这几年来都是张旭在挣钱供养家里的开销和读大学的弟弟。

这件事情之后，思思对于张旭明显没有以前那么亲密无间了。张旭感觉到了思思的转变，却不知道应该怎么说，怎么做，才能挽回思思的友谊。她又不想把自己的窘迫告诉思思，或者是为了面子，或者只是不想让思思担心吧。

从本质上而言，相比爱情，友谊是更轻松的关系。亲密无间的爱情尚且需要信任作为支撑，也要给予对方一定的私人空间，才能更好地维系下去，更何况是友谊呢？明智的朋友不会绑架友谊，也不会以猜忌让朋友变成离开了水的鱼，每一次呼吸都变成压力。

人人都知道友谊的重要性，人人都渴望着获得友谊。这不是因为朋友是我们珍贵的人脉资源，也不是因为有了朋友才有更多的人生之路，而是因为朋友间心灵的慰藉和感情的交流，就像是人生存所需要的阳光、空气和水一样必不可少。既然友情如此值得我们珍惜，我们就要放松一些，不要让友谊成为手心里的流沙，攥得越紧，也就流逝得越快。

要想让自己在一段感情里，这感情既包括友谊也包括爱情，甚至还可以囊括亲情，始终保持独立的姿态，就像舒婷在《致橡树》中所表达的那样，我们就要强大自己，让自己拥有自信，这才是彻底解决对一段感情患得患失的好方法。记住，任何感情都不是靠着别人的施舍就能得到的，唯有强大自己，以树的形象与爱人、朋友、亲人站立在一起，我们才能更加自信，也更坦然从容地接受他人的感情，享受他人的情谊。

直面内心的恐惧，勇往直前让人生砥砺前行

恐惧是人的本能，人人都会产生恐惧心理，最重要的在于只有战胜内心的恐惧，才能最大限度发挥生命的力量，成为生命的主宰。人生就像是在茫无边际的大海上航行，海面上时而风平浪静，时而惊涛骇浪。在遇到风雨的时候，每个人都要打起精神成为最勇敢的水手，才能战胜风雨，等来阳光普照，也到达人生的彼岸。否则，如果遇到小小的风浪就马上惊慌失措，甚至丢盔弃甲，则只会让自己更加被动，甚至彻底失去成功的机会。

恐惧是患得患失者的心结

人人都会感到恐惧，古人云"近情情怯"，实际上并非人们害怕面对美好的感情，而是因为在自己在乎的东西面前，会因为担心失去，而更加患得患失，害怕失去。恐惧会改变人的心态，也影响人的精神。在恐惧的时候，人们总是六神无主，甚至害怕得不知所措。这样的胡思乱想，恰恰让我们更加患得患失，不知道如何面对自己和外部的世界，也为此承受巨大的压力。

在人生之中，很多人非常努力地付出，却因为遭遇打击和挫折，而变得不敢付出。他们害怕自己付出的一切都会付诸东流，也担心自己的努力无法得到该有的回报。正是在这种情况下，他们犹豫了，退缩了，再也不能像以前那样坚定不移，勇往直前。很多事情并不会马上就变成最糟糕的情况，恰恰是恐惧让当事人止步不前，也恰恰是恐惧让当事人选择放弃。适度的恐惧也许能激励人不断前行，鼓起勇气，但是凡事皆有度，过犹不及，过度的恐惧只会使人变得六神无主，惊慌失措，甚至使人的智商瞬间降低为零。在这种情况下，每个人根本无法卓有成效地思考，也不可能理性地做出抉择，这也直接导致人们在恐惧的状态下无法正确理性地解决难题。

大多数人在恐惧的恶劣情绪中患得患失，整个人的状态也会变得很差。由此可见，要想用恐惧激发出潜能，就一定要把握恐惧的度。很多事实告诉我们，在极度恐惧的状态下，人的确会做出应激反应，也因为肾上腺素的水平上升，让自己如有神力。但是这样的人毕竟是少数，大多数人在恐惧的状态下都会紧张不安，患得患失，甚至无法面对自己。要想用恐惧激发出自身的力量，就要修炼自己的内心，不要让自己患得患失，才能做到很多自己原本无法做到和实现的事情。

在朋友的介绍下，小张认识了女朋友雅丽。才相处两个多月，情人节就快到了，小张不由得感到恐惧。他不知道自己应该送什么礼物给雅丽，送太贵重的礼物，小张觉得自己和雅丽的关系还没有确定下来，不合适。送太轻的礼物，小张又害怕雅丽因此而生气，甚至不理他。思来想去，小张始终拿不定主意，恐惧已经让他的内心变得非常慌乱，使他六神无主了。

无奈之下，小张只好问雅丽："雅丽，情人节你想要什么礼物呢？"这可是个冒失的问题，哪有人主动要礼物的呢，尤其是羞涩的女孩子，更不好意思向男孩要礼物。雅丽也有些生气，烦躁地说："随你便，最好你什么也不要送。"小张不知道，这样的举动是大错特错，因为送礼的人哪里能问收礼的人想要什么礼物呢，最重要的是他们才认识不久。后来，小张虽然在朋友的建议下，给雅丽送了鲜花和巧克力，还请吃饭和看电影，但雅丽还是开始渐渐地疏远小张，似乎不愿意和小张继续相处了。

很多人都会产生恐惧心理，恐惧的产生源于各种各样的原因，有的人因为能力不足而恐惧，有的人因为对自己评价太低而恐惧，还有的人对自己缺乏信心，不确定自己完全可以应付所有的事情。在这样的情况下，恐惧更加深刻地裹挟人的心灵，也让人成为恐惧的奴隶，无法自拔。

面对一个因为恐惧而不知所措的人，最重要的不是马上战胜恐惧，而是先要

弄清楚他为什么恐惧。只有找到恐惧的根源，有的放矢地解决问题，才能减轻他的恐惧，也让他不再因为恐惧而患得患失，失去自控。当然，感到恐惧完全是正常的，每个人都没有必要因此而自卑。首先，意识到恐惧是正常的心理现象，对于帮助人们接受恐惧有很大的好处。其次，要区分恐惧与害怕是不同的。很多人把恐惧与害怕混为一谈，却不知道恐惧与害怕从本质上就完全不同。害怕更多的是一种包括生理和心理而起的情绪反应，例如怕疼、怕黑等，而恐惧则完全来自内心，是比害怕更深层次的心理反应。

从心理学的角度进行分析，恐惧往往与人的欲望密切相关。例如，一个人想要获得爱情，就会在与恋人相处时束手束脚，不知道如何面对爱人；一个人害怕死亡，求生的欲望很强，那么面对死亡他们就会感受到深刻的、来自心底的恐惧。各种各样的恐惧有不同的源头，每个人一定要更加努力用心地调整好心态，战胜内心和心理上的恐惧，才能真正地战胜自己，成为情绪的主宰，成为命运的掌舵者。

勇敢的人，才能坦然面对人生

　　一个人如果始终在恐惧的驱使下战战兢兢地面对人生，那么他们就会更加患得患失，甚至无法面对生命的常态。最可怕的不是恐惧本身，而是恐惧会在人的心中引起一系列的反应，也会由此而产生恶劣的后果。被恐惧驱使的人生，就像始终在高桥上行走，桥下就是万丈深渊，让人不敢直视。这样提心吊胆的状态，没有人会喜欢。与其被迫接受恐惧，不如逼着自己勇敢地面对恐惧，直到对恐惧产生免疫力，把恐惧当成是人生中理所当然的存在，这样才能戒掉焦虑，坦然面对人生。

　　现代社会经济发展的速度非常快，每个人不但要承受生活的巨大压力，还要面对日益激烈的竞争。尤其是工作的节奏越来越快，一切都以现实的结果为标准的今天，每个人都生活在压力之下，每个人都常常感到紧张和无力。如果人们不懂得如何调整自己的心态，也不知道怎样才能发泄不断积累的负面情绪，渐渐地，恐惧就会应运而生。让人恐惧的东西有很多，对于失去生命的恐惧，对于不能照顾家庭的恐惧，对于未知未来的恐惧，对于人生中到底能得到什么结果的恐惧，这一切都形成了人们恐惧的根源，也让人们陷入更深的欲望之中，最终变得患得患失，根本无法从容地面对人生，甚至不能坦然地面对自己的内心。

　　奥地利大名鼎鼎的作家茨威格曾经说过，恐惧具有夸张的力量，能够如同哈

哈镜一下把人的一个细微的动作无限放大，而在这样夸张的放大之中，人的想象力如同脱缰的野马一样肆无忌惮地运行起来，导致人们情不自禁想要去发现最光怪陆离的现实。

在我国古代，杯弓蛇影的故事流传已久，时至今日，人们依然能从这个典故中读懂"一朝被蛇咬，十年怕井绳"的道理。很多人深陷在回忆之中，不管何时想起让自己无法面对的过去，都会感受到如同百爪挠心般的痛苦。不得不说，这种对于过去的恐惧是最难战胜的，因为它连接着过去痛苦的生活和经历，也已经变成虚空得如同空气一样让人无法着力的存在。一个人没有办法和过去争夺，更不可能战胜过去，那就只能任由时间的良药医治自己，直到再也无力挣扎，才在无可奈何中消除内心的创伤。

人不但会害怕过去，也会恐惧未来。现代社会的发展实在太快了，所有的人和事情都在飞速的发展变化之中，速度之快让人目不暇接。瞬息万变的世界，让人跟不上眼光的速度，也因为看到了太多的改变使心中感到惊慌。在这种情况下，与其一味地恐惧未来，不如最大限度敞开心扉，拥抱未来。很多事情不会因为人们的恐惧而改变，正如有人曾经说过的那样，既然哭着也是一天，笑着也是一天，为何不笑着度过人生的每一天呢！我们也要说，既然逃避也是未来，拥抱也是未来，我们为何不能真心诚意迎接未来的到来，而改变自己的命运呢？对于未来的极度恐惧，让很多年轻人都做出过傻事。曾经有大学生躲在象牙塔里，因为不堪忍受社会的压力而自杀，甚至还有即将研究生毕业的高端人才，因为害怕要面对社会，也选择自杀。自杀渐渐成了社会上的不良风气，就在前不久，南京还有一个小学生和一名初中生选择自杀。在感慨时代悲剧的同时，人们也不由得反思：孩子们这是怎么了，为何对于人生如此恐惧呢？

每个人都有自己生存的特定年代，生活在当下，并不是可以改变的。作为当代人，最该做的就是调整好心态，从而才能最大限度激发出自身的力量，也才能在恐惧到来的时候战胜恐惧。古往今来，难道那些伟大的人物就不会感到恐惧了吗？难道他们就没有受到时代的冲击吗？并非如此。有很多伟人也受到同时代人的攻击，也因为封建社会的传统思想而遭到很多抨击，但是他们始终没有放弃自己的思想，而是努力坚持自己，绝不随随便便放弃自己。最终，他们成为整个人类历史上最熠熠闪光的存在。

现实是无法回避的，每个人唯有最大限度地敞开心扉接受现实，悦纳现实，才能真正地融入现实，从现实中汲取力量。有句话说得特别好，不畏过去，不惧将来。当人生到达这个境界，大概就可以无怨无悔，无所畏惧了吧！

怯懦，是人生路上的绊脚石

怯懦，是人生路上不折不扣的绊脚石。很多人并非没有天赋，也并非没有机会，更并非没有能力，但是他们的人生却很平庸，而且始终毫无起色。古人讲天时地利人和，他们已经具备了充分的条件获得成功，却被内心的怯懦拦住了，导致成功迟迟不来。由此可见，怯懦对于人生的影响是很大的，也会彻底地改变人的命运。那么要想在人生中有所收获，有好的发展，要怎么做才能改变怯懦的状态呢？

有人说，江山易改，禀性难移。每个人的性格既有天生的因素发挥作用，也在后天的养成中不断地被塑造。要想让自己变得不再怯懦，既然先天因素已经不能改变，那么就要努力在后天之中塑造自己的好性格，清除人生发展道路上的绊脚石，这样才会有更好的出路，也才能真正收获幸福美好的人生。

怯懦的人大有杞人忧天的势头，也许未雨绸缪是好的，可以帮助人们提前做好准备，但是杞人忧天却会给人带来无穷无尽的烦恼。过度的杞人忧天，让人在还没有开始做很多事情的情况下，先被自己的心吓坏了。他们总是想着最糟糕的结果，却没有想到糟糕的结果和好的结果一样都有可能出现，概率是同等的。为此，当为了糟糕的结果而放弃努力时，他们并没有想到要为了幸运的结果而继续努力，绝不放弃。这样一来，怯懦引起的多思多虑就导致人的手脚都被禁锢住，根本不能发挥所有的力量继续去改变和创造命运。

在英国萨伦港的国家船舶博物馆，陈列着一艘非常特殊的船。这艘船千疮百孔，似乎在向人们诉说着它沧桑的历史。这艘船的来历不同寻常，是英国劳埃德保险公司特意购买下来，捐献给国家博物馆的。在了解这艘船的历史之后，很多人都会对这艘船肃然起敬。

1894 年，这艘船正式下水起航。在大西洋上航行的过程中，它经历过很多次灾难。它有 207 次遭遇风暴，被风暴把桅杆摧毁；有 138 次遭遇冰山，船身千疮百孔；有 116 次触礁，每一次都险些沉没，好不容易才死里逃生；有 13 次发生火灾，很多地方都被大火烟熏火燎过，看起来黑黢黢的。正是这样一艘船，尽管带着满身伤痕，却从来没有向恶劣的天气和突发的各种灾难与事故妥协。

这艘船的事迹是一位律师在旅行过程中发现的。当时这位律师正因为当事人打输官司后自杀的事件而感到非常内疚和苦恼，甚至一度想要放弃律师工作，因为他深深恐惧当事人因为输掉官司而自杀的恶性事件再次发生。直到有一天，他在博物馆里看到了这艘浑身布满伤痕、内心写满故事的船。他把船的照片拍下来挂在自己的办公室里，还把船的事迹写下来，装裱好，也挂在照片旁边。从此之后，他总是会让当事人看看这张照片和这个故事，从而让当事人消除心中的怯懦，变得更加坚强勇敢。

人生就像是在大海上航行，不可能一帆风顺，而是会遭遇各种各样的风雨和艰难险阻。在这种情况下，除了勇敢地面对之外，还能有什么好办法呢？最重要的在于，我们要与生活中的一切坎坷和挫折抗争，更要对命运永不屈服。

一个人之所以怯懦，也许更多地取决于性格。但是，性格却不是完全天生的，

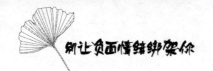

而是很大程度上由后天形成的。从这个角度而言，要想改变怯懦，是完全可以的。在最初本能地怯懦时，人们更需要做的是战胜本能，在自己情不自禁想要逃避的时候，理性地抗争一切不公平，为自己争取到更好的结局。此外，还要注意的是，当意识到自己的性格有些怯懦时，对于那些原本准备逃避的事情，或者想要忍耐的事情，还可以主动地出击，从而变被动为主动，也真正赋予人生新的力量和勇气，让人生在经历更多的历练之后，能够勇往直前，而不是一蹶不振。总而言之，每个人对于生命都有自己的理解，最重要的在于要打造自己坚强勇敢的心，也要在人生之中勇往直前，绝不畏缩和放弃。

不畏惧失去，珍惜已经拥有

现实生活中，很多人总是觉得拥有得越多越好。为了满足自己的欲望，他们努力地付出，竭尽全力去拼搏和奋斗。然而，当欲望越来越强，他们也陷入欲望的深渊，不但开始想要得到更多，而且开始恐惧会失去已经拥有的一切。前文说过，人生最好的结果是"不畏过去，不惧将来"，如果人总是担心自己的过去挥之不去，又害怕会失去已经拥有的一切，则会变得患得患失，惴惴不安，因此陷入无休无止的烦恼之中。所以说"不畏失去，珍惜拥有"。

还记得那个吝啬的人吗？他因为害怕自己的金钱被他人夺走，所以几乎每天每夜都在数钱。最终，他虽然拥有很多金钱，却成为金钱的奴隶，过着被金钱驱使的生活。如果能够坦然面对自己得到的一切，则就可以尽情地享受，而不会让金钱成为自己的负累。现实生活中，有太多的人如同惊弓之鸟，得到的越多，就越是不能自已，也越战战兢兢。对此必须要调整好心态，才能尽情地珍惜拥有，享受拥有。

自从结婚之后，慧敏没有工作，靠着开一家小书店租书和光碟。慧敏省吃俭用，好不容易才积攒了五万块钱。她的丈夫是一名普通的小学老师，能力也有限，只能拿着死工资。在这样的情况下，他们不但要赡养老人，还要抚养一双儿女，

简直压力山大。天知道慧敏多么节约，才能积攒下这五万元钱。

慧敏对这五万元钱看得特别重，从来不动用一分钱。有段时间，丈夫决定辞职，开一家饭馆，为此还去四川学习了烹饪技术。但是慧敏却思来想去，不愿意挪动这五万元钱。每次丈夫一说起用这五万元钱租房，慧敏就很抓狂："这可是我省吃俭用才积攒下来的钱，是留给孩子上学的，怎么能随随便便就用呢！况且，万一你的小饭馆生意不好，再把这钱赔进去了，那可怎么办？"丈夫好不容易才做通慧敏的工作，但是慧敏依然很担忧，尤其是在把这笔钱拿出去之后，慧敏连睡觉也睡不好了。

事例中的慧敏，就是典型的患得患失心态。虽然她积攒这五万元钱很不容易，但是对于她而言，要想改变现状，只能支持丈夫的决定，让丈夫辞职，转而开饭馆，走上经商之路。当然，如果这是丈夫仓促的决定，慧敏是有理由拒绝的，毕竟慧敏对于未来没有信心和把握。但这是丈夫深思熟虑才做出的决定，慧敏理应支持丈夫，归根结底，丈夫不是盲目地要开饭馆，而是有计划，有目标的。对于丈夫而言，这是整个家庭的投资，也是改变全家人生活状况的最好方式和最佳契机。

人生总是有得也有失，有的时候，得失之间还会互相转化。人不能永远活在过去的阴影和患得患失的焦虑中，只有从容地面对未来，才能鼓起所有的勇气争取得到更多。炒股的人都知道，高收益总是伴随着高风险，这也意味着每个人唯有更加理性地面对未来，做好最坏的打算，然后放开胸怀，朝着最好的方向去努力，这样才能全力拼搏，拥有更加美好的未来。要想让自己内心笃定，不因为各种不必要的忧思而陷入苦恼之中，首先，要制定长远目标，这样才能在实现目标的过程中坚定不移，不过多地忧虑和担心，也不害怕自己因为失去而变得一无所有。其次，在实现目标的过程中，还要有从容坦然的心境。归根结底，人生不会因为害怕和恐惧而有所改变，既然如此，为何不能"既来之则安之"呢？也许只有如此，才能珍惜自己所拥有的，也不会为了曾经失去的一切而感到颓废和沮丧。人生，应该向前看，不要沉湎于过去之中无法自拔，更不要因为过去的一切让自己束手束脚，无从应对人生。

与其嫉妒，不如真诚祝福

嫉妒是人心中的毒瘤。近些年来，因为嫉妒导致原本相熟的人反目成仇的事情时有发生。记得曾经在网络上看到一则新闻，说一家农户家里才几岁的孩子在短短的时间内突然消失。通过寻找，最终，警察四处走访才成功破案，原来是邻居家里的奶奶因为自己的孙子是个先天智障，看不得邻居家的孩子这么活泼聪慧可爱，居然把孩子残忍地杀害，埋藏在自己家的小花坛底下。嫉妒的邪恶由此可见一斑，这个孩子平日里还奶奶长、奶奶短地称呼邻居家的奶奶呢，难以想象这个奶奶为何这么残忍，居然能对幼小无辜的生命下手。

嫉妒不仅仅是一种扭曲变态的心理，也是一种消极的情感状态。人人都知道嫉妒的负面影响，却无法控制自己心中嫉妒的情感如同潮水涌动，这到底是为什么呢？其实，嫉妒是人的劣根性之一，也是人天生的本能之一。对于陌生人，嫉妒之情也许还可以消减，越是对于熟悉的人、身边的人，人的嫉妒更会如同熊熊火焰般燃烧起来。例如，当看到原本很穷的亲戚一夜之间发了财，就会嫉妒；当看到原本不如自己的朋友某一次考试中居然超越了自己，也会产生嫉妒；当看到同事朋友住着豪宅，开着豪车，嫉妒之火更是无法控制……为何人对于自己熟悉的人反而更容易生出嫉妒之心呢？按理说，当看到自己相熟的人过得好，生活有了改善，工作上突飞猛进，理应祝福和欣慰啊。只有博大胸怀的人，才能把对他人的嫉妒改成羡慕，把对于他人的嫉妒转化为积极的感情，转化为督促自己不断进步和努力的力量，在祝福他人之余，自己也发奋努力，希望和他人一样也能够扭转命运的局势，彻底地改变命运。

嫉妒不但是毒瘤，也是烈火，一旦嫉妒超出了正常的理智范围，就会让人感受到各种负面情绪，如恐惧、害怕、歇斯底里、怨恨等。这恰恰是嫉妒在人的情感中引发的消极表现，越是嫉妒心强的人，这些负面情绪表现得就越是显著。在负面情绪的轮番轰炸中，人们很容易失去心理平衡，甚至完全丧失理智，做出丧心病狂的犯罪行为。等到这个时候，后悔莫及。作为理智的人，在看到自己的心中有了不好的苗头时，一定要第一时间警示自己，也拼尽全力控制好嫉妒的限度，不要让嫉妒超出正常的界限。嫉妒还会蒙蔽人的眼睛，让人对于他人的好视而不见，只是一味地想要彻底摧毁他人，以消除自己心中的嫉妒之火。这不是正确的做法，尤其会给人带来灭顶之灾，让嫉妒者在伤害他人的同时，自己也觉得心力憔悴，即将崩溃。

很久以前，有个农民养了两个牲畜：一头驴子，一只山羊。农民养驴子主要是用来干活的，因而驴子整日都在不停地拉磨，或者驮着沉重的东西运送，因而农民每次喂驴子的时候，都会给驴子很多食物，保证让驴子吃得饱饱的。

看到主人对驴子这么好，山羊很不高兴，暗暗想道："我和驴子是同样的地位，为何驴子就能得到这么多的食物呢？虽然驴子干活多一些，但是我对这个家的贡献也不容小觑啊，我每天都要辛苦地挤奶出来，供给全家人喝啊！"这么想着，山羊觉得很郁闷，越发觉得主人薄待自己，甚至怀疑主人是不是要宰杀自己，所以才对自己这么苛刻呢！

没过几天，主人带着驴子从外面干活回来，因为天气炎热，驴子的身体流失

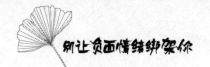

了很多水分，所以主人才会刚到家里，自己还没来得及休息呢，就赶紧端出一盆水给驴子喝。经过山羊面前，主人随手抓起一把干草丢给山羊。山羊看到驴子大口喝水，不由得很生气："我尽管喜欢吃草，但是我也喜欢喝水啊。难道驴子需要喝水，我就不需要喝水吗？主人一定是想杀死我，所以才对我这么漠不关心，也丝毫不懂得爱惜我。"日子一天天地过去了，山羊在这种消极思想的影响下，越来越嫉妒驴子，也越来越怨恨主人。它几乎每天都在担心自己被杀掉，只要听到有脚步声靠近它的住所，它就会胆战心惊。渐渐地，山羊因为极度恐惧变得越来越消瘦，每天都寝食不安，心神不宁。最终，山羊生病了，病得很重，再也挤不出来一滴奶。无奈之下，主人只好真的把山羊杀掉。

山羊的死不是因为主人薄情寡义，而是因为它自己的患得患失、焦虑不安，这都是嫉妒惹的祸。假如山羊不把自己与驴子比较，安然地吃草产奶，也看到驴子每天都辛苦地工作，累得精疲力竭，那它就不会落得被杀的下场。

现实生活中，有很多人和山羊一样，总是把自己和他人进行毫无意义的比较，也在比较的过程中越来越嫉妒他人，甚至还会导致自己变得非常患得患失，焦虑不安。不得不说，这样的心态是极其不好的，或者会害了自己，或者会导致自己对于他人做出极端的举动，使得事情朝着恶劣的方向发展。

每个人都要放下嫉妒之心，即使看到别人的优势，也不要总是让嫉妒之火熊熊燃烧。记住，人人都有自己的优势，也有自己的劣势，与其一味地盯着别人的优点而只看到自己的缺点，不如把自己的优点与他人的优点进行比较，也能看到自己的独特之处。当然，做人不应该盲目自卑，也不应该盲目骄傲。只有客观公正地认知自己，才能最大限度正确对待自己，也在与他人的相处中感受到更多的美好，在人生中获得更加丰富的收获。

当心中产生嫉妒的时候，也不要一味地逃避或者矢口否认。要知道，嫉妒是人的本能，也是理所当然存在的情绪。合理地引导嫉妒，还有可能让嫉妒转化为积极的动力，这远远比一味地逃避和否认嫉妒来得更好。学会面对嫉妒，接纳嫉妒，这样才能在与嫉妒和平共处的过程中，寻找到解决嫉妒的最好方法，也引导嫉妒向着积极的方向转化。

放眼未来，才能笑对成败

生命之中，每个人都渴望成功，惧怕失败，这是因为人的本能就是趋利避害，每个人也都想通过成功来证明自己的实力。然而，命运总是捉弄人，很少有人能够真正获得成功，大多数人在命运的无情捉弄中，或者放弃努力，或者灰心丧气，最终与失败结缘，无法摆脱失败对自己的禁锢。曾经有心理学家经过研究证实，大多数人的天赋相差无几，那么为何有的人总是能够获得成功，而有的人却始终与失败纠缠不休呢？实际上，这都取决于人们后天的努力和对待失败的态度。一个人如果面对失败能够鼓起勇气，再一次尝试和努力，那么他就有获得成功的可能。反之，一个人如果面对小小的失败马上就放弃，一蹶不振，那么根本不可能获得成功。由此可见，命运尽管是无情的，却也要受到人主观因素的很大影响。如果客观存在的一切是无法改变的，那么就要最大限度调整自己的心灵，让自己成为正能量聚集的所在，真正强大自己，拥有更充实的人生。

人生是漫长的旅程，一时的成功不代表永远的成功，一时的失败也不意味着永远的失败。对于每个人而言，唯有摆正心态，正确对待成功和失败，才能做到胜不骄，败不馁，也才能真正走好人生之路。古往今来，无数伟人之所以能够获得成功，并非因为他们得到了命运的青睐和善待，而是因为他们能够正确对待失败，从失败中汲取经验和教训，踩着失败的阶梯不断前进，最终到达成功的顶峰。

民间有句俗话，叫"好汉不提当年勇"，就是为了提醒人们不要总是沉浸在成功的光环和荣耀里无法自拔，因为一时的成功不代表什么。如果因为一次成功就骄傲，则很有可能迎来失败。同样的道理，当人生遭遇一时的失意，人们同样应该摆正心态。因为一时的失意也不代表永远的失败，只要勇敢面对失败，失败终将会成为成功之母。记住，人生没有永远的成功和失败，每个人在获得成功之前都要斗志昂扬，在遭遇失败之后都要更加努力勇敢地提振信心，这样才能淡然面对成功与失败，在此基础上不断地前进，努力拼搏，获得充实的人生。

做人，不应该鼠目寸光，否则就只能看到眼前的弹丸之地，对于很多事情都失去了高瞻远瞩。越是在成功得意的时候，越是在失败失意的时候，人越是应该努力地调整好心态，让自己更加积极地面对未来。否则，如果总是沉湎于过去的失败中，就会无法面对未来。正如人们常说的，人生有三天：昨天、今天和明天。昨天已经成为过去，无法回首，也不能改变；每个人唯一能够把握的就是今天，只有活在当下，才能更好地把控人生；明天尽管指日可待，却终究没有到来。每个人要想拥有无怨无悔的昨天，就要努力经营好今天；每个人要想拥有值得期许的明天，也要计划好今天。由此可见，在人生之中，只有今天才是承上启下的，也只有今天，才能让昨天无怨无悔，让明天值得期待。

很久以前，有个人始终生活得闷闷不乐，他总是以昨日的成功为资本炫耀自己，又总是为过去的失败懊丧不已。虽然公司里新换了领导，但他总是沉湎于过去，把手里的工作做得一团糟，所以他给现任领导的印象简直糟糕透顶。最终，他失去了工作。

他忧愁不已，决定去山上的寺庙里向主持求助。主持听到他讲述了自己的状态，对他说："你现在就去爬山，背上这个背篓，把你觉得好的、奇异的石头都

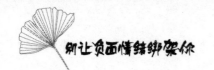

捡起来，放到背篓中。"他不知道主持的用意，但是既然主持这么说了，他只好照做。一开始，他背着背篓还很轻松，爬山也很自如。随着捡起来的石块越来越多，背篓变得非常沉重，他渐渐地开始气喘吁吁，到最后沉重的背篓简直压得他直不起腰来。好不容易才到达山顶，他看到主持已经在山顶等着他了。主持没有解释他心中的困惑，而是淡然地告诉他："现在开始下山，每下一个台阶，就扔掉一块石头。"下山的路轻松多了，才走到半山腰，他就扔掉了所有的石头，最后到达山脚下的时候，他简直身轻如燕，健步如飞。主持看到他的状态，意味深长地对他说："你现在知道负重前行和放下一切的区别了吧！"他恍然大悟，从此之后再也不牢牢记住自己的成功，更不把失败横亘在心里。最终，他找回了全新的自我，在工作上有了突飞猛进的发展，人生也由此进入全新的境界。

不管是成功还是失败，一旦成为历史，就会变成沉重的负担。事例中的年轻人之所以现状堪忧，就是因为他总是以过去的成就为资本炫耀自己，又总是把曾经的失败沉重地压在自己的心头上。他唯有放下这一切，不管是成功还是失败，全部都放下，这样才能让自己更加轻松地面对人生，全力以赴做好当下手中的事情，走好未来的人生之路。

很多时候，成功就像是我们用来渡河的船，等到我们到达河的对岸，这艘船也就没有那么重要了。当然，这并不是说我们要丢弃成功这艘船，而是说我们要暂时将成功放在后面，这样才能轻装上阵。除了成功之外，失败是我们更应该学会放下的。在从失败中汲取经验和教训之后，我们就要学会放下失败，从而才能让心灵变得轻松，也更加努力奋发，积极向上，勇往直前。

具体而言，要想让自己在人生之中勇往直前，摆脱过去，首先，要为自己设立一个目标。在新目标的激励下，人们才能全心全意奔向目标，从而避免因为成功而沾沾自喜，或者因为失败而自暴自弃。其次，还要端正对于失败的态度。很多人把失败当成是一蹶不振的理由和契机，却不知道失败从来都是消极的人的灭顶之灾，在积极的人面前，失败反而是转折点，是进步的阶梯。最后，人还应该具有清零的心态。正如事例中的那个年轻人一样，不管是背负着曾经的荣誉前行，还是背负着沉重的失败前行，对他而言都是生命不能承受之重，都是需要彻底清空，才能让人生再次健步如飞，快速进步的。总而言之，人生是一个不断地前行，也把过去远远地甩下的过程。每个人都从过去的成功和失败中汲取经验，取其精华，然后学会放下，轻装上阵，砥砺前行。

控制恐惧，不要盲目脑补

从本质上而言，恐惧似乎是人的本能，也是一种情绪。如果说害怕既有可能是外界引起的，也有可能是自身的主观感受，那么恐惧则更多地来自主观的感受。最使人恐惧的是恐惧本身，由此可见，一个人要想战胜恐惧，就要先战胜自己的内心，不要盲目地顺应恐惧，脑补各种可怕的情形和无法承担的结果，这样一来恐惧就能大大减轻。

其实恐惧的情绪是会传染的。大体而言，恐惧可以分为三类：第一类人并不了解事情的细节，只是因为别人恐惧，所以他也跟着恐惧；第二类人正因为深入了解了事情，也深入透彻地观察了事物的细节，所以才更加感到恐惧；第三类人对未知感到恐惧，因为对于不能了解也无法把握的东西，他们觉得处于失控的状态，所以常常被恐惧胁迫着前行。对于第三类恐惧，其实是最好处理的，既然是因为未知恐惧，所以只要让他们理解细节，知道内幕，恐惧也就会马上消除。对于第一类人的恐惧，更多地像是一种从众行为，成语"三人成虎"，就是因为盲目从众引发了众人的恐惧。

我们所要说的是，第二类人的恐惧。这一类人既不是从众，也不是对未知的事物恐惧，他们是因为了解了事物的细节，才更加恐惧，不得不说这种恐惧是很难战胜的，也是最深刻的恐惧。对于这种恐惧，采取心理脱敏疗法未必能取得效果，因为心理脱敏疗法的主要方式就是让人直面恐惧，不要逃避，也不要畏缩。一味地逃避，显然也是不可取的，因为恐惧来自人的心灵深处，只靠着外界的控制无法真正战胜恐惧。对于这种有理有据的恐惧，一定要避免一件事情，那就是不要随意地脑补。所谓脑补，顾名思义是指人们在感到恐惧之后，还在头脑中想象一旦最糟糕的事情发生，将会是多么可怕，也会让自己根本无力承担和无法面对。在想象中，恐惧被数倍地放大，导致人们更加恐惧。不得不说，这是恶性循环的过程。要想及时止损，停止恐惧给人带来的负面影响，就要努力控制自己的情绪，最大限度避免脑补。

在中国历史上，蒙古骑兵向来是骁勇善战的代表，也常常在战争中取胜。然而，在阿音扎鲁特战役中，蒙古骑兵因为骄傲轻敌，导致陷入敌军马木留克骑兵的埋伏。

实际上，马木留克骑兵的野战能力并不比蒙古骑兵弱，但是因为一直以来他们都败给蒙古骑兵，所以虽然这次他们占据优势，但在看到蒙古骑兵浴血奋战的场面后，心中情不自禁想起以往惨败的经历，因而在气势上就先输给了蒙古骑兵。后来，马木留克骑兵接连退败，眼看着就要被蒙古骑兵杀出一条血路来。这时，马木留克骑兵的统帅看到战局的情势急转直下，当即一马当先，单枪匹马冲入蒙古骑兵的阵营中，奋不顾身与蒙古骑兵厮杀。统帅的行为极大地激励了马木留克骑兵，他们也马上振奋士气，像统帅一样冲入蒙古骑兵的军阵，与蒙古骑兵展开浴血激战。最终，马木留克骑兵大败蒙古骑兵，蒙古骑兵遭遇了西征以来最大的败仗，从此之后兵力衰弱，士气大不如前。

马木留克骑兵尽管已经把蒙古骑兵团团围困住了，却因为此前不止一次被蒙

古骑兵打败，因而导致心理上有很大的阴影，在蒙古骑兵的厮杀之下，他们险些又遭遇惨败。幸好马木留克骑兵的统帅深知将士们的心理，因而一马当先，杀入蒙古骑兵的军阵之中，给全体将士做出了榜样，也极大地激励了全体将士的士气。在这样的情况下，马木留克骑兵才能突破心理上的障碍和局限，真正克服内心的恐惧，大胜蒙古骑兵。

很多时候，胜负就在一念间，马木留克骑兵如果不能战胜内心的恐惧，也许一直都会是蒙古骑兵的手下败将。很多时候，最让人恐惧的是恐惧本身，而不是引发恐惧的事情。当你的内心也充满恐惧时，不如最大限度激发自己的信心和勇气，让自己战胜因为恐惧而引发的各种幻觉和想象，从而真正地超越自己，给予自己重生的力量和勇气！

很多时候，你只是自己吓自己

人人都对成功趋之若鹜，而对失败避之不及，实际上成功与失败就在一念之间。勇敢者无畏，哪怕遭遇挫折和磨难，也总是能够振奋精神，勇往直前，而胆怯者哪怕遇到小小的障碍，自己就先退缩了。正如有位心理学家曾经所说的，很多时候，人的先天条件其实相差无几，之所以有的人成功，有的人失败，是因为他们面对人生际遇的态度截然不同。

有一点毋庸置疑，即一个人如果心中始终充满恐惧，也常常自己吓唬自己，那么他一定无法获得成功。人，最缺少的就是勇气，如果有了一点点的勇气，却在自我恐吓的过程中又失去了，那么就会更加沮丧绝望，无法承担起面对人生风雨的重要责任。毋庸置疑，和成功要经历很多艰难曲折且决不放弃相比，失败是更容易获得的。很多时候，只要放弃，失败就会如约而来，挥之不去。反过来想，我们还能自己吓唬自己，让自己情不自禁地放弃吗？最重要的在于要坚定不移，勇往直前，人生才有力量，命运才会出现你所期待的转机。

为了攻打齐国，燕王派出一员大将进攻齐国的聊城。这位大将骁勇善战，很快就攻下聊城。然而，正因为他战功赫赫，所以遭人嫉妒，在还没有来得及向燕王汇报军功时，就有平日里嫉妒他的人抢先汇报燕王，诬陷他对燕王不忠诚，想

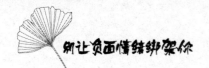

要独霸聊城。大将很害怕，生怕自己到燕国复命会被处死，因而决定留在聊城，还能暂时求得活命。

齐国看到聊城被燕国占据，也心急如焚，当即派出大名鼎鼎的武将田单收复聊城。不想，聊城地处险要，易守难攻，尽管田单想尽办法，也持续攻打了一年之久，却始终没有拿下聊城。无奈之下，田单只好采纳谋士的建议，给燕国固守聊城的大将写了一封劝降信。在这封信里，田单给了大将两个选择，或者回到燕国，或者投降齐国，还允诺齐王将会对他大加奖赏。原本，这两条路都是活路，而且留在齐国更是有享不尽的荣华富贵，但是大将却忧愁地不停哭泣："回燕国，会被燕王猜忌，甚至会被燕王处死；留在齐国，自己已经在战争中杀死了很多齐国人，齐王怎么会兑现承诺呢，只怕会以酷刑将我处死。"思来想去，大将觉得自己再无活路，与其等到落入燕王或者齐王的手中受尽凌辱和折磨而死，还不如自行了断呢！这样想来，他最终决定自己结束生命，避免未来遭受不尽的痛苦。

不得不说，燕国大将的死很出人意料，也让人扼腕叹息。其实，如果他既不想回到燕国，也不想投降齐国，只需要继续负隅顽抗，奋战到最后一刻即可。他没有想到的是，田单已经派出精兵强将攻打了一年，都没有拿下聊城，也许未来会放弃收复聊城呢？可惜他的思维陷入死胡同，最终自己把自己吓死了。

很多时候，事情虽然未必像我们所憧憬的那么美好，也不会像我们所担忧的那样糟糕。在没有到达最后一刻之前，谁也不知道事情将会朝着怎样的方向发展，又将会得到怎样的结局。最重要的在于，坚持到最后一刻，不要自己吓唬自己。在这一点上，好莱坞的诸多大明星在影片中的表现是非常好的，也是值得借鉴的。这些硬汉在影片中往往身陷绝境，他们即使饱经折磨也决不放弃，所以才能在最终的时刻扭转情势，获得胜利。如果他们一开始就轻易放弃了，既不愿意尝试，也不愿意努力，更无力承担起可能出现的后果，他们还如何激发出自身最强大的力量，创造生命的奇迹呢！

不得不说，每个人既不要自己吓唬自己，也不要没有敬畏之心。只有把恐惧控制在合理适度的范围内，恐惧才会不断激发出我们的力量，让我们变得更强大，成为顶天立地的强者。

与其恐惧，不如努力争气

毋庸置疑，愤怒是一种负面情绪，而且对于人的消极影响非常严重。愤怒不但会伤害他人，也会毫不留情地伤害自己，影响自己的身心健康发展。一个人如果缺乏对于情绪的自控力，就会变成一座情绪化的活火山，动辄就在情绪的驱使下变得歇斯底里，也在情绪的暴怒之中失去理智。曾经有心理学家经过研究发现，恐惧还会使人的智商瞬间降低为零。由此可见，恐惧不但让人失去理智，也让人失去智商，的确是危害巨大的。其实，很多脾气好的人并不是不能生气，也不是不会生气，而是因为他们的自控力很强，能够最大限度控制好自身的情绪，成为情绪的主宰。当然，需要区分的是，脾气好的人不是没脾气，而是他们生气的次数比较少而已，而很好地控制情绪也并不意味着绝对远离愤怒，而是最大限度减少发怒的次数，从而保持镇定理智。

众所周知，负面情绪对人的影响很大，也会给个人的身心健康和情绪情感状态招来很多麻烦。那么，难道人生中就要彻底消除负面情绪吗？当然不是。所谓存在即合理，在很多情况下，负面情绪也会转化为正向积极的力量，从而成为激励自己的强大动力。最重要的在于，每个人都要有一颗积极乐观的心面对负面情绪，疏导负面情绪，也给予负面情绪最好的引导和宣泄途径，这样才能像转化很多能量一样，把负面情绪变成对人生有益的情绪状态。在诸多负面情绪中，愤怒无疑是极具代表性的。所以要想驾驭情绪，把情绪转化为力量，就要更加深入地研究愤怒的情绪，也最大限度地驾驭愤怒的情绪。

　　同时期进入公司的小李和小刘，在这次公司内部的竞聘中，都想获得一个职位。原本，小李和小刘是同班同学，进入公司之后也成为好同事，如今却成为竞争对手，要为了一个职位一决高下。小李心中很坦然，觉得不管这个职位最终花落谁家，都是很好的结果。如果自己能得到职位当然更好，如果小刘得到职位，也是值得恭喜和庆祝的。然而，小刘却不这么想，他对于这个职位势在必得。

　　后来，小刘听说公司领导对于小李的印象很好，就开始在公司里四处散播谣言，说小李在上学的时候考试作弊，不止一次被监考老师抓中现行。尽管公司对于员工在学校里的表现并不过多关注，但是当这样的负面消息传到公司领导的耳朵里时，还是对提升小李产生了怀疑。最终，小李与晋升失之交臂，小刘理所当然升职加薪。一开始，小李还在为小刘感到高兴呢，后来才知道是小刘在背后做的小动作，不由得气愤异常，对小刘敬而远之。

　　愤怒并没有让小李一气之下离开公司，相反，小李痛定思痛，在工作上认真表现，还抓住很多休息的时间参加培训，努力提升自己的专业素养和综合能力。果然，在公司的一次大规模晋升中，小李成功地脱颖而出，居然调到总公司，成了小刘的上司。

　　小李的表现，和卧薪尝胆是否有几分相似呢？这恰恰是因为他有效地引导愤怒，也把愤怒转化为积极的力量，才能获得成功。对于小李而言，如果他当时冲动地离开公司，不但失去了宝贵的工作机会，也会失去正面自己、扬眉吐气的机会。职场上，这样的闹心事并不在少数，其实同事之间的关系是非常微妙的，不

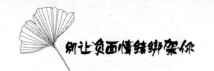

同于纯粹的朋友关系，而是会面临利益的纷争。正因为如此，才有职场上经验丰富的人劝说大家，不要发展办公室的友谊，否则也许有一天就会"死"得很惨。当然，我们理应信任身边的人，重要的是不要把公事公办与私人感情混淆起来，否则就会导致凡事拎不清楚，也导致后果非常严重。

在愤怒的状态下，人体会分泌出大量的肾上腺素，人的肌肉力量也由此得以增强，做好准备面对外界的威胁和巨大的压力。相比起愤怒的状态，在平静的状态下，人们则会变得很安逸，也充满惰性，不愿意集中自己所有的力量去完成某件事情。从这个意义上而言，愤怒实际上是积极的情绪，只要加以引导，就能发挥巨大的力量。当然，要正确对待愤怒，当对愤怒加以控制，人就会处于斗志昂扬、精神抖擞的状态；当对愤怒完全失控，人就会处于内心焦虑不安、歇斯底里的混乱状态。所以每个人都不要被愤怒打垮，而是要控制好情绪，成为情绪的主宰，从而以愤怒点燃自己的小宇宙。

五

你所有的焦虑，都是吞噬人生幸福的黑洞

新闻上时有报道，说某架飞机遭遇黑洞，结果导致被莫名的力量吞噬，找不到任何残骸。实际上，不仅天空中有黑洞，海洋里有黑洞，就连情绪中也是有黑洞的。情绪的黑洞很复杂，有焦虑不安，有惶恐愤怒，有暴躁易怒等等，这些负面情绪都让人难以应对，也会对给人的身心健康造成巨大的伤害。要想收获幸福快乐，每个人都要调整好情绪，从而远离焦虑等负面情绪，避开吞噬人生幸福的黑洞。

焦虑过度，让你患得患失

有人说，人生如梦；也有人说，人生就像一出戏。其实，不管怎样理解，对于人生而言，每个人都要拼尽全力去经营，才能真正地参悟人生的真谛，进而打开人生的局面。在人生中，如果因为一些小事情就让我们人生止步不前，让生活陷入困境，那么我们只能算是生活的失败者，根本不可能从生活中有所收获。

常言道，人生不如意之事十有八九，这就注定了每个人的生命都不可能是顺遂如意的，而总是会遭遇各种各样的坎坷和挫折。实际上，挫折和磨难并不能阻挡人生，真正让人生的脚步停滞不前的，是患得患失的心态。很多人不管做什么事情都思虑太多，犹豫不决，这样一来，他们的内心就会陷入焦虑之中，无法自拔。如此一来，他们的情绪和情感状态便会陷入恶性循环之中，导致在以后的生活当中，遇事更加犹豫不定，错失良机。

在长期的犹豫和焦虑之中，他们还会承受超负荷的精神压力，由此而影响身体健康。众所周知，很多千载难逢的机会都是转瞬即逝的，人一旦因为犹豫而错失良机，则会让自己变得更加被动。由此可见，要想及时摆脱负面情绪，就要及时止损，及时改变事情的状态，这是关键所在。有的时候，思虑周全是必需的，有的时候，却也要拿出快刀斩乱麻的气势来，果断坚决地解决问题，让自己的心归于安定。

在撒哈拉大沙漠里，有一种沙鼠非常特别。这种沙鼠是土灰色的，以草根为食，危机意识特别强烈。每当快到干旱季节，它们都会大量囤积草根，从而让自己有足够的粮食储备，度过漫长而又难熬的干旱季节。为此，每当干旱季节快要到来的时候，沙鼠都会整日操劳忙碌，每天都四处寻找草根运送到自己的洞穴中。他们日出而作，日落而息，堪比这个世界上最勤劳的农夫。

然而，沙鼠却有些忧虑过度了。即使它们已经储备了足够的草根度过旱季，但是却依然坚持辛苦地工作，继续不遗余力地寻找草根。一旦找到草根，它们就用尖锐的牙齿咬断草根，并且把草根运到洞穴中。只有当储存的草根足够它们度过十几个甚至几十个干旱季节，它们才会停止劳作，安然入睡。沙鼠为何会这样呢？实际上，沙鼠是遗传了祖辈的焦虑，所以总是为食物焦虑。这让它们做出了很多无用功，也常常浪费自己的时间和精力。在一个旱季，沙鼠根本无法食用完这么多的草根，等到旱季过去，草根也腐烂了，它们不得不再花费大量精力把腐烂的草根从洞穴中运走。就这样，沙鼠的一生似乎都在储存草根、清理草根中度过，为此劳累不堪，焦虑不已。

曾经有科学家想用沙鼠代替白鼠进行实验，因为沙鼠的身材比白鼠大，是更适合用作医学实验体现出药物敏感性的。但是，一旦科学家把沙鼠关入笼子里，沙鼠就因为被迫中止寻找草根的工作而焦虑不安，憔悴不已，最终危及它们的生命安全。实际上，沙鼠在笼子里有吃有喝，过着衣食无忧的生活，它们之所以失去生命，完全是因为内心的焦虑不安导致的。

现代社会，有很多人都像沙鼠一样，迫于生活的巨大压力而终日忙碌，却不知道自己到底在忙什么。尽管现在生活节奏越来越快，工作压力越来越大，但是

我们却不能因此而改变对于生活的初心。每个人要想在生活中有所收获，就要不忘初心，这样才能最大限度地打开自己的心扉，从容坦然地收获更多的美好幸福。

对于任何人而言，唯一能够把握的就是当下，所以不要为过去而苦恼，也不要为了明天而忧愁。人尽管要未雨绸缪，却要避免杞人忧天，这样才能把自己从不安之中解救出来，也才能真正远离忧虑，尽情享受当下的每一时刻。常言道，世事无常，很多事情都处于不断的变化和发展之中，只有与时俱进，坦然面对这一切的改变，才能真正做到以不变应万变，也才能保持心态的宁静平和。做人，不应该像沙鼠一样，为了所谓的安全感而倾尽一生。否则，还要所谓的安全感干什么呢？记住，昨天已经成为历史，再也回不去，明天尚未到来，要想把握明天，就必须牢牢地抓住今天。明智的朋友们不会随波逐流，而是会始终坚持自己的内心，让自己更加坚定不移地走好人生之路。

别让焦虑的雪球成为你的心魔

你有焦虑的症状吗？你时常会感到害怕，也常常让自己陷入无端的恐惧之中吗？你是否常常觉得心烦意乱，也觉得惊恐不安呢？你有没有消化不良的情况，或者觉得自己心力憔悴，简直没有办法继续鼓起勇气生活下去？你夜晚常常失眠，经常瞪着眼睛直到天亮吗？如果以上这些症状统统都没有，那么恭喜你，你没有焦虑症。如果你对于上述问题的回答都是肯定的，而且有些问题很犹豫，不知道该怎么回答，那么不得不说，焦虑已经找上你了。

现代社会，生活节奏越来越快，工作压力越来越大，很多人都情不自禁地陷入焦虑的状态之中，甚至因为焦虑而完全打乱生活的节奏，不知道自己该何去何从。不得不说，这是现代人的悲哀，也是现代社会无法避免的残酷现实。其实，焦虑并没有那么可怕，人生小小的不如意就有可能引发焦虑，因而我们也完全无须谈及焦虑就色变，或者心生恐惧。

现实生活中，之所以有些人看起来很焦虑，愁眉不展，而有的人却气定神闲，能够坦然从容地面对生活，并不是因为前者被命运薄待，后者被命运厚待。实际上，后者之所以能够坦然面对焦虑，是因为他们拥有积极的心态，能从容地化解焦虑。在这种情况下，他们自然就可以很好地控制焦虑，来避免焦虑的雪球越滚越大。

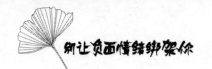

桑德斯是个十几岁的男孩，正处于青春期，经常为各种各样的事情担忧。有的时候，他甚至不能正常地吃饭和睡觉，完全沉浸在自己犯过的错误中，祈祷着时光能够倒流，让他改正错误。每次考试，桑德斯都要等到最后一个才会把试卷交上去，很多题目他明明已经做对了，却偏偏又在检查的过程中犹豫不决，最终改成错误的答案。桑德斯苦恼极了，他的人生似乎没有今天，只有让他无尽懊悔的昨天。

一天上午，要上科学实验课，全班同学都在科学教室里等着科学老师的到来。他们最喜欢上的课就是科学实验课，因为生动有趣，也因为可以亲自动手，这减轻了他们内心的焦虑，让他们变得更轻松快乐。保罗·布兰德威尔博士负责教授他们的科学实验课，博士来的时候带来了一瓶牛奶，将其放在水池边上。大家经过预习都知道这堂课是关于生理卫生的，因而全都看着博士，不知道博士想要做什么。正当大家都怔怔地看着博士时，博士突然一挥手，那瓶牛奶应声掉落在水池里，摔碎了，奶也流得一干二净。同学们都围到水池边，看着被打碎的牛奶瓶。博士语重心长地告诉大家："任何时候，都不要为打翻的牛奶而哭泣。"

同学们不太明白博士的意思，博士语重心长地说："看看吧，瓶子已经摔碎了，牛奶都流到了下水道里，再也回不来了。你们要做的，是在牛奶瓶子没有被打碎之前，就好好保护瓶子，或者在瓶子被打碎之后，忘记这瓶牛奶，从而专心致志做好下一件事情。"听了博士的话，大家茅塞顿开。自从上完这堂课，桑德斯对于自己的态度也有了很大的转变。他意识到很多事情一旦做完，就没有挽回的余地，也不可能更改，与其为了不能改变的过去而烦恼忧愁，陷入焦虑之中，还不如把握好机会，让自己振奋精神，勇敢地面对未来的人生。

焦虑就像一个雪球，会越滚越多。在这种情况下，如果一味地为毫无意义的事情焦虑，就会彻底摧垮我们的意志，让我们的生活变成一团乱麻。毋庸赘言，这不是生命正确的存在方式，对于我们人而言，只有在生命的历程中更好地面对未来，才能让自己更加理性、清醒，才能不因为过去而失去眼下的大好时机。

时间是不可逆转的，很多事情一旦发生，再也没有挽回的余地。每个人都要认清楚生命的真谛，才能勇敢无畏地奔向最美好的未来。从心理学的角度而言，焦虑是一种情绪反应，表现为人们恐惧现实生活中的各种机遇、威胁或者挑战。例如，很多孩子在考试之前会非常焦虑，很多成人在结婚之前也会感到焦虑，这是因为他们都意识到接下来要面对的一切，将会对他们的人生起到至关重要的作用，所以他们才会这么颓废沮丧，才会这么胆小畏缩。一个人要想战胜自己，必须调整好情绪，真正战胜内心的恐惧。唯有如此，人才会变得强大，变得豁达，也真正变得洒脱和从容。

未雨绸缪不是杞人忧天

　　焦虑产生的根源到底是什么呢？要想真正解决焦虑的问题，就必须寻找到焦虑产生的根源，这样才能有效地清除焦虑，最终战胜焦虑。当然，未雨绸缪是好的，它使人们在事情还没有发生之前，就能够对事情做出分析判断，以利于更好地解决问题。但是未雨绸缪也要有度，一旦过度，就会变成杞人忧天，就会让人们在过多的忧思之中变得犹疑不决，颓废沮丧。

　　很多人误以为焦虑就是想得太多，当然，焦虑的人一定是想得太多，但是想得太多的人却未必焦虑。很多问题，并不因为我们不去想它，或者不为它忧愁，它就不存在。从这个角度而言，把很多糟糕的情况想在前面，也未必是坏事，至少可以让我们做足准备，在必要的时候勇敢地面对。那么，到底是什么原因引起的焦虑呢？有人认为，人之所以焦虑，是因为想得不够。实际上，想得不够的确会导致人们的心理准备不充分，从而导致人们在各种事情中陷入被动。然而，想得不够只会让人"初生牛犊不怕虎"，因为准备不足而手忙脚乱，并不是导致焦虑的根本原因。真正的焦虑，是把未雨绸缪发展过度，使其变成了不折不扣的杞人忧天。

　　前文说过，从心理学的角度而言，焦虑是人们对于现实威胁的过度反应。其实这是人的本能，因为在面对自己没有足够的能力解决和面对的事情时，人们总是情不自禁地陷入焦虑之中无法自拔。那么如果提前做好准备呢？焦虑自然就会大大减少，心情也会变得更加轻松。由此可见，要想彻底战胜焦虑，就要提升自我认知，努力增强自身实力。现实生活中，强迫症也是焦虑的表现形式之一。例如很多人在锁好门离开家之后，又会返回来查看门到底有没有锁。有的人甚至离开家一次，要折返回来两三次查看锁门的情况，这样的症状表现强烈，就是典型的焦虑症。

人生是复杂的，也许走过一生，我们也未必能够参透人生，或者完全地领悟人生的真谛。然而，即便如此，我们也要努力地生活下去，让生命绽放，不枉此生。在经历人生中的很多事情时，我们一定要化繁为简，才能领悟生命的真谛，敞开心扉接纳生命的任何改变和突发状况，不会因为紧张和恐惧，让生命陷入困境。

很多人的焦虑，完全是思虑过度导致的。当一个人意识到自己过于焦虑的时候，如果能够用减少思考的方式来缓解焦虑，一定会得到立竿见影的效果。不过，减少思考的方式和逃避有着异曲同工之妙。归根结底，如果不真正解决问题，问题依然横亘在那里。在这种情况下，得到暂时的休憩之后，就要加大力度调整心态，积极地激发出自身的力量，从而有的放矢地消除焦虑。

古人讲，天时地利人和，就是告诉我们要想获得成功，既要有客观条件，也要有主观因素。唯有主客观相互配合，才能最大限度获得成功。当然，每个人都可以控制自己的主观方面，却不能完全控制客观因素。世界上的万事万物都处于不断地发展和变化之中，当无法左右外界的一切时，我们就要调整好自己的心态，从而做到坚决果断，一气呵成。

记住，未雨绸缪不是杞人忧天，我们一定要区分清楚这二者之间的关系，才能更好地面对未来。否则，当生命中充斥着很多无以排遣的焦虑，那我们又该怎么办呢？从现在开始，既不要过多地思考问题，也不要完全不思考问题。只有把

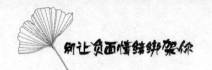

握适度思考的原则，既不因为想得太少而对未来充满恐惧，也不因为想得太多而对未来充满焦虑，才能真正成为命运的主宰者，成为人生的掌舵手。当感到焦虑的时候，不要一味地顺应情绪做出糟糕的反应，而要更加理智，还给生活慢节奏，才能慢中有快，以慢作为加速度，真正彻底地解决问题。

你所担心的事情十有八九不会发生

为了证明焦虑到底能给人们带来什么，曾经有一位伟大的心理学家进行了专门的实验。在实验中，心理学家让研究对象把各自的焦虑写在纸上，并且在纸上标明姓名和日期，然后把纸交给他。心理学家把这些纸都妥善地保存好，等过了一段时间之后，再把这些纸拿出来，分别还给那些参加实验的对象。结果不少参加实验的人发现，当初写在纸上的焦虑并没有真的发生。只有极少数实验对象所担忧的事情发生了，但是却并没有因为他们的焦虑而有任何的改变。由此，人们恍然大悟，原来每个人所担心的事情十有八九不会发生，而注定要发生的事情也不会因为焦虑而有任何改变。在这种情况下，还有必要忧心忡忡、担忧不已吗？答案显然是否定的。想明白这个道理，人们就不会再无谓地担忧，而是全力为了自己的梦想和目标而不懈地努力奋斗。

道理很容易明白，但要想真正做到，却很难。很多人穷尽一生，也无法彻底摆脱焦虑，就是因为他们的心始终被焦虑束缚着，他们也常常因为对于未来的恐惧，而更深地陷入心的囚牢之中无法自拔。实际上，大多数人之所以焦虑，是因为害怕事情的结果不如自己所想象的那样。其实，换个角度讲，为了做好一件事，只要无怨无悔地付出过，就应该做到心理坦然，不必再为是否能得到回报而焦虑，因为人生重在经历，而不是结果。

在经济学领域，很多人都听说过"沉没成本"。何为沉没成本呢？并不是说人们沉入水底需要付出多大的代价，而是指人们在不断努力的过程中，已经付出的那些时间和精力成本。举个简单的例子，一个画家呕心沥血作画，用了整整半年的时间才画好一幅画。在这种情况下，他付出的时间和精力，都是沉没成本，由此可见沉没成本指的是已经付出就再也无法收回的成本。如果画家的画作有人收藏，也被拍卖出高价，那么所得就可以抵消沉没成本。反之，如果画家的画作无人问津，也没有人愿意购买，则沉没成本在短期内就无法得到收益作为抵消，可想而知画家的生活在一段时间内也会很困窘。

也许有些朋友会觉得纳闷，沉没成本和不忧虑之间有何关系呢？当然有关系。每个人在付出沉没成本之后，都希望自己的收获能够抵消沉没成本，如果对于收获的预期不好，他们自认为沉没成本不可收回，渐渐地也就会害怕继续付出，同时对于未来也会更加没有信心。反之，他们如果觉得自己已经付出了很多，就不应该半途而废，而是继续努力付出，那么他们的沉没成本就会不断累积，变得越来越多。实际上，人要学会止损，也就是学会停止对于沉没成本的投入，这样才能最大限度改善与外界的关系，也能更加客观清醒地审视自己的内心。由此可见，既不要因为害怕沉没成本而故步自封，也不要为了挽回损失而盲目投入更大的沉没成本，唯有客观地衡量和评价自己，采取正确的决策对待沉没成本，人们才会更加理性地对待人生中的付出和收获，也才能真正领悟到人生的真谛，对人生做出正确的决策。

人们洞察很多事情以后，他们对于人生的理解就会更加深刻。他们不会一味地为了避免最坏的结果而努力，也不会一门心思只想着得到最好的结果。他们知道很多事情即便真的已经尽力而为，也会面对很多困境。在这种情况下，他们会理清思路，尽量减少忧虑，同时给予自己更大的空间去思考和选择，以期能做出正确决定。

大学毕业后，路堑不愿意留在家里工作，而是背起行囊去了遥远的大城市。起初，父母竭力反对路堑的决定，他们提醒路堑去了大城市有可能找不到工作，或者即使找到了工作也要面临衣食住行方面的问题，很难有好的发展，甚至连路堑以后生了孩子没人带都提出来了。但是，路堑不为所动，依然坚定地告诉爸爸妈妈："这一切的问题，都有解决的可能。"最终，爸爸妈妈拗不过路堑，选择了妥协。

后来，一切的发展出乎意料地顺利。路堑到了大城市不但顺利找到了工作，而且因为在工作上表现突出，还得到了上司的赏识，很快就升职加薪了。最重要的是，他还因为赶上了公司里分配集资建房，居然只花了三分之一的钱，就在公司里买了一套两居室。后来，路堑顺理成章地恋爱、结婚、生子，还把父母都接到身边来给他带孩子。每当回忆起自己当年来大城市时父母百般阻挠，路堑就对父母说："看看吧，事实根本不像你们所想的那样。"看到路堑如今生活得很好，爸爸妈妈也意识到路堑当年的决定是对的，因而转而支持路堑，还感到是他们的骄傲呢！

如同上述案例，现实中，每当遇到关于孩子的问题，几乎所有的父母都会变得犹豫不决，生怕孩子做出错误的选择而耽误一生，因此陷入焦虑之中。他们不知道孩子一旦离开自己的身边该如何生活，也不知道孩子脱离父母的庇护要吃多少苦，甚至孩子已经长大成人，到了结婚的年纪，他们依然要守护在孩子身边，做些力所能及的事情。不得不说，父母的良苦用心，是最深沉饱满的爱。然而，不是孩子离不开父母。实际上，是父母离不开孩子。正如送孩子去幼儿园，很多

父母既担心孩子离开父母会不适应集体生活，自己也根本无法适应孩子不在身边短暂的几个小时。不得不说，父母对孩子的依恋太深了，所以才会对孩子的一举一动都非常关注，也根本无法做到坦然面对关于孩子的问题。父母应该知道，孩子总要长大。作为父母，哪怕把所有的爱和全部的心思都放在孩子身上，也无法改变孩子羽翼丰满终究要离开父母的事实。只有当父母真正意识到孩子是独立的生命个体，也相信孩子离开了他们后照样可以生活得很好，父母与孩子之间割舍不断的"脐带"才算真正地断开。

焦虑的人，心中就像压着沉重的大石头，总是感到内心沉重，喘不过气来。如果有过不堪回首的往事，他们还会始终沉浸在对往事的回忆中无法自拔。他们误以为曾经的失败都是因为自己考虑不周导致的，却不知道一件事情要想获得成功，需要很多因素的综合作用和配合。如果时间可以倒流，谁又能保证他们不做出同样的选择呢？对于未来，人固然要有忧患意识，但它并不代表如此就可以让未来的生活过得幸福无比，没有半点烦恼。要知道，这个世界本就是不完美的，没有绝对完美的事情，更没有完美的人。每个人都是被上帝咬过一口的苹果，每个人都要悦纳自己，也要悦纳这个世界，才能让自己更从容，从而在自己的人生道路上走得更加长远。

找到心的钥匙，才能打开心锁

对于任何人而言，生活都不是顺遂如意的。正如人们常说的，人生不如意之事十之八九，由此可见在人生中遭遇困厄是常态，如果始终一帆风顺，反而是应该引起警惕的。既然如此，当面对人生的坎坷和磨难时，就不应该再愁眉苦脸地去面对。当然，人对于生活的顺境和逆境做出截然不同的反应，也是人之常情，无可厚非。比如，感到疼痛、痛苦的时候，人总是情不自禁地皱起眉头，感到开心、快乐的时候，人们又不由自主地舒展眉头，喜上眉梢。人的情绪虽然瞬息万变，但是情绪却不会过多地盘旋心头。反之，如果人总是因为各种事情而发愁，那么日久天长，情绪就会改变人的面貌，让人的精神气质也随之发生改变。这就是为什么有的人看起来神清气爽，脸上常常挂着笑容，而有的人看上去却郁结于心，面色沉重。而这种由内而外所展现出的气质和形象，又深深地影响着外人对自己的看法，决定着自己的前途。

有人说，人是这个世界上最复杂的生物，这句话说得很有道理。还有人说，人的心，海底针，这也说明了人心的不可捉摸。要想做通人的心理工作，最重要的就是找到打开心扉的钥匙。当然，这把钥匙并非通用的，因为人们面对很

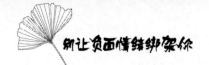

多事情的态度和处理方式都不同。例如，有人遇到小小的挫折就会马上放弃努力，有人面对莫大的坎坷也依然能够鼓起勇气，调整好心态，勇往直前。这样截然不同的态度，决定了人们在面对很多事情时的应对方法是完全不同的，从而也让人的命运有了莫大的差距。

众所周知，坏情绪对人的影响是很大的。尤其是愤怒，因为情绪很猛烈，来得很突然，所以往往让人猝不及防。在这种情况下，就要懂得控制和自我疏导。但很多人对于负面情绪的认知还不够深刻，总觉得情绪不好的时候，只要忍一忍就过去了。殊不知，负面情绪并不会自己好转，而且对人的身心健康有很大的负面影响。很多青春期的孩子在负面情绪的影响下做出冲动且极端的举动，结果不仅害了自己，往往还会让父母痛不欲生。不得不说，这样的情绪是非常可怕的，一定要及时疏导，才能避免不良后果的出现。

现代社会，生活压力越来越大，工作节奏越来越快，很多人因为无法适应，不知不觉间就抑郁了。也有很多抑郁症患者在平日里的表现毫无异常，而当抑郁爆发，就会对生活了无兴趣，恨不得第一时间就结束自己的生命。如今，由于越来越多的人被抑郁所困，自暴自弃、自杀等现象的增多，使得人们对于抑郁症的关注度也越来越高，在这种情况下，心理健康被提升到了前所未有的高度。实际上，抑郁症也确实对人的伤害很大，它不仅会让人对什么事情都提不起兴致来，而且会产生严重的悲观厌世念头，甚至会做出危害自己性命的事情来。有的时候，普通人的开解无法让抑郁症患者真正摆脱抑郁，唯有求助专业的医生，甚至借助药物的作用，抑郁症患者才能有所缓解。尤其是在现代社会，抑郁症已经成为威胁人们身心健康的头号杀手，必须慎重对待，绝不能掉以轻心。

每个人的心上都有一道门，当这道门是紧闭着的，就会阻断这个人与外界的沟通联系。当这个门是打开的，就能帮助这个人与外界更好地互动。很多人都曾经看过自闭症的孩子，那么就会知道自闭症的孩子其实是关闭了自己与外界沟通和互动的门。那么治疗自闭症的孩子，关键之处在于找到他们心门的钥匙，打开他们的心扉，让他们能够有效地与外界沟通，也对外界产生兴趣。从这个角度来说，抑郁症患者与外界的沟通也出现了问题。抑郁症是不折不扣的心理疾病，是由情绪导致的。很多人一旦陷入抑郁，心情阴沉得如同雷雨到来前的天气。在这种情况下，如何能够解放他们的心灵，向他们的心中投入阳光呢？

通常情况下，一个人为何而愤怒，原因是非常明显的。因为愤怒往往是针对刺激事件的出现。与愤怒完全相反，抑郁的人也许对于某件事情很不赞同，或者不认可其他人的观点，也不会马上表现出来，而会假装和掩饰。正是抑郁的这种滞后性，导致人们想要战胜抑郁变得很难。

很多时候，一个人对于自己的苦并不能深刻透彻地理解，对于自己的所思所想，也未必如同他人那样清楚明了。当心上了枷锁，任由别人怎么努力，却是打不开的，只有自己才是自己孤独苦闷心灵的排解者。其实，很多自杀者都是突如其来地自杀，当然，这并非意味着他们不知道自己的忧愁苦闷，而只是说外界对于他们的心理状态是缺乏了解的。现代社会，抑郁症的高发趋势越来越明显，每个人都应该关注自己的精神状态，不要轻易地就锁上心门。

人既不是活在天堂，也不是活在地狱，也可以说是一念天堂，一念地狱。每个人都要怀着积极的心态面对生活，而不要故步自封，自己折磨自己，导致虽然人在天堂，实际上却如同身陷地狱。记住，只有你才是你的上帝，只有你才能拯

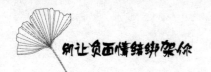

救自己，只有你的放弃才足以摧垮你。只要你始终怀着昂扬的斗志面对人生，哪怕历经艰难坎坷也绝不放弃，那么你就能成为自己的救世主，帮助自己度过人生的所有困境，突破和超越自我，最终成就传奇的人生！

陷入悲观，只会让事情更糟糕

一个人如果不能抵抗挫折，在这个世界上就会深陷痛苦，无法自拔。反之，假如一个人始终怀着昂扬的精神奋发向上，始终在遭遇命运磨难的时候不离不弃，那么他们就能够收拾好自己山河破碎的心情，继续鼓起勇气在人生的道路上砥砺前行。实际上，一个人心情的好坏，与他的脾气密切相关。很多人脾气暴躁，遇到小小的不如意就歇斯底里，这样自然不会有好心情。恰恰相反，有的人脾气很好，不愿意为了一点点小事就破坏自己的心情，那么他们就能有效地控制自己，成为情绪的主宰者，从而尽力扭转局势，让事情朝着好的方面发展。

很多人误以为衡量一个人对抗挫折的能力，要看他们是否会在意外打击到来的时候哭泣，是否会在高压力的情况下变得茫然无措。其实不然，这是对于抗挫折能力的误解。其实，真正的强者的衡量标准，是看他对待问题是否积极乐观，是否充满力量。一个人如果总是充满负面情绪，那么他们在面对问题的时候，很容易因为悲观失望而陷入困境。这并不意味着他们的心总是沮丧的，而是说他们对于情绪处于失控的状态，他们常常大发脾气，失去理智和冷静，让自己的智商和情商都变得很低。由此可见，最糟糕的不是一个人面对着什么事情，而是这个人本身的情绪能否进入良性发展的状态，能否对于事情的解决起到积极的推动作用。不得不说，当人沉溺于负面情绪中，一切都变得会更加糟糕，也因为失去了

希望的明灯作为指引，失去了信心的力量作为支撑，而使得整个人的精神都濒于崩溃。因此，相比于这是糟糕的结果，生活中的一些小困难实在不值得我们焦虑。

很多时候，事情并不像我们想象的那么糟糕，只因为我们面对突发的事件时情绪太过脆弱，才导致事情越来越糟糕。假如我们能保持镇静，控制住情绪，始终怀着积极的心态去面对和处理问题，那么我们就能扭转情势，获得好的结果。或者做好最坏的打算，然后拼尽全力，即使不能改变什么，也能做到虽败犹荣。每个人对于人生的态度，既包括精神，也包括信念，就像是一种支撑，能够不断地鼓舞和激励人们勇敢向前。在这样的状态下，人才能活出精气神，也才能挺直做人的脊梁。

古往今来，有谁在人生之中不曾遭遇坎坷和挫折呢？各种各样的磨难之于人生，就像细菌之于人的身体，是理所当然存在的。只要细菌数量不过度，只要身体不崩溃，这些细菌就对身体无计可施。同样的道理，只要人在磨难之中始终坚持不懈，绝不放弃，就能获得最后的胜利。

不可否认，很多致命的打击会使人一瞬间就精神崩塌，但是怎么才能坚持不懈，勇往直前呢？这就需要昂首挺胸，阔步向前。任何时候，事情未必真的到了无法挽回的地步，但是一旦心先放弃了，事情就真的无法回头了。看到这里，也许有朋友会说，既然以悲观的情绪面对灾难，是人生的灭顶之灾，那么以乐观的情绪面对灾难呢？不得不说，如果对于灾难怀着盲目乐观的态度，也同样不会有好的结果。因为，人生需要的不是匹夫之勇，不是莽撞无知，而是要在保持理性的前提下，经过认真思考和综合衡量，慎重地做出正确的选择。莽夫之勇不是真的勇敢，而只是初生牛犊不怕虎的无知。真正的勇敢是一个人即使知道事情可能出现最糟糕的结果，也能一往无前，绝不怯懦畏缩。在这样的状态下，生命的力量才会喷薄而出，韧性也会支撑着人不断地向前，努力崛起，最终创造生命的奇迹。

每个人在身处逆境时，都会感受到畏惧，这是人本能的反应，也是人之常情。最重要的在于，无论多么畏惧，都不要当逃兵，无论多么胆怯，都要鼓励自己勇往直前，这样才能在人生的困厄中崛起，也才能对人生无所畏惧，勇往直前。朋友们，如果想成为命运的主宰，如果想让自己过得更好，那么就从这一刻开始努力奋发吧！赶走负面情绪，你就会迎来不一样的自己。

让忙碌充实焦虑的心

什么样的人，才会经常处于焦虑之中呢？当然是有闲暇时间的人。一个人如果非常忙碌，忙碌到不能分神，那么他自然没有时间用来焦虑了。为此，要想驱散焦虑，最好的方式就是让自己忙碌起来。

曾经，巴斯德在实验里发现了一个有趣的现象，即大多数科研人员都在专心致志地进行科学研究，一个实验接着一个实验地做，他们根本没有时间为任何事情忧虑。从这个角度而言，忧虑的原因也许有很多，但是多余的精力无处发泄，无疑是导致焦虑的重要原因之一。就像很多人会失眠，也许他们看起来很困倦，但是他们也一定是精力过剩的。倘若把他们的精力完全耗尽，他们也许很快就会酣然入梦。大多数人对于睡眠的最好记忆，都是在极度疲劳之后。其实，焦虑和失眠类似，都是人的思虑过重导致的。很多焦虑的人都深受失眠的困扰，只要让他们精疲力竭，也许焦虑和失眠会同时不治而愈。这也从一个侧面给事实做出了佐证，即很多哲学家都因为忧思过重而导致自己在精神方面承受着过大的压力，甚至精神的弦还会突然绷断。和哲学家相比，每日都要坚持做实验，承受着繁重实验任务和项目压力的科研人员，却很少精神崩溃，也不会因为过于焦虑而让自己的生活陷入困境。总而言之，不管对于谁来说，让自己忙碌起来，这样才能让自己不再胡思乱想，从而全心致志地对待工作和生活。

在第二次世界大战期间，记者采访丘吉尔的时候，问起丘吉尔是否会因为紧张的战局感到焦虑。丘吉尔笑着回答："我没有时间焦虑。"的确，日理万机的丘吉尔，要将每一分钟都投入到紧张的决策之中，哪有时间用来焦虑呢？不仅仅作为国家的领袖要保持充实而又忙碌的生活，即使是普通人，为了对抗焦虑，也要同样把生活的节奏安排得紧促些，这样才能充实心灵，没有时间焦虑。

很多人对于充实忙碌的理解都有失偏颇，实际上不仅仅工作能使人变得充实忙碌，兴趣爱好同样可以让人变得充实快乐。总之，不管是主动做自己喜欢的事情，还是被迫做自己该做的事情，忙碌都能让人的心变得充实快乐，从而远离焦虑。

最近这段时间，是波比太太最难熬的时候。在短短的一年时间里，她不但失去了丈夫和唯一的儿子，她的侄子也因为意外的车祸丧生。波比太太简直痛不欲生，在将近一年的时间里，她不能吃也不能喝，直到身体即将崩溃的时候才去医院输营养液，勉强维持生命。波比太太不止一次想到死亡，她想用死来解脱自己，也想用死来使自己摆脱痛苦。然而，她不知道这并不是她的丈夫和儿子想看到的结局。

社区里的服务人员在知道波比太太的经历后，都很同情她，也想出了各种办法来帮助波比太太摆脱悲痛。然而，时间过去很久了，波比太太却没有任何好转的迹象。无奈之下，为了防止波比太太因为不堪打击而选择死亡，义工们只好带着波比太太一起工作。他们带着波比太太一起从事社区活动，也带着波比太太去养老院，让波比太太喂那些老寿星吃饭。渐渐地，波比太太的脸上重新浮现出笑容，有的时候忙起来，她还能彻底忘记那无尽的伤痛。就这样，波比太太终于摆脱了亲人离世给她带来的痛苦，找回了生活的信心。

是什么拯救了波比太太呢？是忙碌。当她沉浸在帮助别人的忙碌中，当她感受到给他人带来帮助的幸福与快乐，她终于能够暂时忘记失去亲人的痛苦，也重新找回了自己存在的意义。也许在独自一人的时候，波比太太依然会痛苦地哭泣，但是她已经能够为自己擦掉眼泪，也能够给予自己强大的精神力量来摆脱痛苦。

人，最可怕的是无所事事，当没有事情可干的时候，人就容易胡思乱想，时间长了就会变得焦虑。对于每个人而言，当被焦虑侵袭时，不要悲伤，也不要抱怨，而是应当让自己忙碌起来。哪怕只是去养老院慰问孤寡老人，或者去孤儿院当义工，或者收拾收拾家里，都能让自己不同程度地摆脱焦虑情绪的困扰。记住，忙碌是生存存在的意义，休息是为了调养生息后可以更加全身心地投入忙碌，因而绝不能本末倒置，而要以全力以赴的决心和决不放弃的毅力积极迎接生活的风风雨雨，始终对未来充满希望，彻底远离焦虑等负面情绪。

不忘初心，方得始终

在日复一日的忙碌中，在忙得没有时间休息、逼仄得如同狭窄老楼梯的生存间隙中，还有多少人依然坚持着自己最初的梦想和渴望，还有多少人能够最大限度地打开心灵之门，对人生怀着憧憬，不忘初心？不得不说，很多人在紧张忙碌的生活中忘却了初心，正因为如此，他们才会距离人生的目标越来越远，甚至偏离人生的轨迹。

尤其是现代社会，经济发展迅猛，物质越来越丰富，每个人都受到或多或少的诱惑，很容易就会忘记自己曾经坚持的原则，变得随波逐流。然而，一味地顺应现实，又将得到怎样的结果呢？也许坚持初心，未必能够得到想要的结果，但是忘却初心，却一定会让人彻底偏离人生的既定航向。

很多人都迷失了，或者也可以说他们是沦陷了。当然，迷失和沉沦，并非完全因为忘却初心，还有些人的迷失，是因为他们变得盲目从众。

在信息大爆炸的时代里，信息量前所未有地大，传播速度前所未有地快。就连孩子，都因为电脑、电视等媒体在生活中的普及，因而过早地接触到很多信息和知识。对于价值观念还没有形成的孩子而言，受到负面影响也成为必然。那么在这种情况下，作为孩子的监护人，作为孩子成长的领航者，父母要竭尽所能引导孩子，确保孩子在正确的人生道路上不断地向前发展。当然，又何止只有孩子

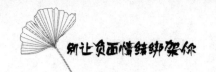

面对各种诱惑和繁杂的信息呢？其实成人同样面对很多诱惑，也需要不断地纠正自己的偏差，砥砺前行，才能保证人生坚定不移地往前。

对于人而言，真正的成熟是以什么为标志呢？不是以十八岁成年为标志，也不是以结婚生子为标志，而是以是否拥有独立的思想，有自己的见解为标志，这样才能在坚持向前的道路上不忘初心。否则，在物欲横流的现在，人总是不断地迷失，如何能够真正发挥出自身的力量，让自己笃定地奉行生命的原则呢？还有些人之所以随波逐流，完全是因为受到了欲望的驱使。如果欲望不能满足，他们就会陷入深刻的痛苦之中无法自拔；如果欲望得到满足，他们又会产生更大更深重的欲望，如此还谈何坚持本心呢？从这个角度来看，每个人都要合理控制自己的欲望，合理地满足自身的欲望，才能为人生制定切实可行的目标。

很久以前，有个女孩特别喜欢跳舞，她的梦想就是成为一名芭蕾舞者。然而，家里人都反对女孩学习跳舞，深受传统思想禁锢的他们都觉得跳舞不是正经的职业，也不可能给女孩安稳幸福的生活。

有一次，女孩听说一个大名鼎鼎的芭蕾舞团要来她所在的小城市演出。女孩激动不已，她每天都在盼星星盼月亮，期待着舞蹈团的到来。终于，舞蹈团来到了小城，女孩第一时间找到舞蹈团的团长，问正在埋头看文件的团长："团长，我也想学跳芭蕾舞，我先跳一段给您看，您看看我有没有学习芭蕾舞的天赋，好吗？"团长漫不经心地点点头，连头都没抬。女孩跳起来，那么陶醉，那么深情，似乎自己的一生一世都寄托在这段舞蹈上了。当女孩终于停止跳舞，看到团长正怔怔地看着她。她问团长："团长，我有学习芭蕾舞的天赋吗？"团长沉思良久，才说："一般吧，也就是一般的资质。"这下子，女孩彻底绝望了：既然我只有一般的资质，并不是天生的舞蹈家，为何还要忤逆父母的意思，与父母为敌呢？

此后，心灰意冷的女孩在父母的安排下恋爱、结婚、生子，日子过得倒也安稳。也许是命运的安排，若干年前的那个芭蕾舞蹈团又要来小城表演。女孩始终没有放弃芭蕾舞的梦想，因而从小就把女儿送去学习舞蹈。这次，她决定再去找芭蕾舞团的团长，让自己的女儿学习芭蕾舞表演。团长看完女儿的表演后，当即拍掌叫好："你简直太有天赋了，天生就是跳芭蕾舞的料啊！"曾经的女孩、如今的妈妈不甘心地问团长："团长，十几年前我也跳舞给您看，您却说我资质一般，我觉得当年的自己跳得并不比我的女儿差啊！"团长看着女孩沉浸在回忆中，良久才说："当时的确有一个女孩来跳舞给我看，不过我正在处理一份文件，什么也没看到，只好说她跳得一般。"女孩听到团长的话如同遭遇晴天霹雳："团长，您的那句话彻底改变了我的命运啊！"团长看着女孩，不以为然地说："是吗？我倒是认为你对于芭蕾舞还没有那么热爱，否则为何仅凭一个初次见面的人的一句话就改变了志向呢？"

女孩回味着团长的话，觉得团长说得很有道理，不由得满面羞愧。

正如团长所说的，女孩的命运不应该被一个初次见面的人的一句话就改变，恰恰是因为女孩对于自己的人生不够坚定，所以才会在别人的一句话之后就轻而易举改变心意，也改变了人生的方向。对于女孩而言，最重要的是自己的心意，而不是别人的评价。正因为轻易改变了自己的人生方向，她才会走了这许多人生的弯路，也才会在生命的历程中错失最美好的风景。

每个人都是这个世界上独一无二的生命个体，每个人都要有自己的思想、意识和观点。每个人都要努力奋发，坚持不懈地往上攀登，不断努力，每个人也要在感到困惑和迷惘的时候更多地坚持一下，才能奔向人生真正的目的地。

记住，你的快乐不需要与别人相似，你的人生更不需要套用别人的成功和模

式。你只有坚定不移地做好自己，在任何情况下都不随波逐流，才能更好地面对和坚持自己的心，才能在失败之后无怨无悔地说："我努力过了！"每个人最大的成就，就是坚定不移做自己，也是真正成功地做真实自然的自己。

以退为进，人生海阔天空

在商业谈判中，很多人都会用到以退为进的策略，即以表面上的退让，来换取对方的认可，也让对方给出同样的让步，而对方的让步恰恰是自己想要得到的，这样实质上是以退让的方式前进了一步，既避免了在谈判中剑拔弩张，也能维持谈判的和谐氛围，从而让谈判顺利推进。

从这个角度来看，表面上的退让是烟幕弹或者是糖衣炮弹，因为退让的作用恰恰是让对方从心理上获得满足，从而在精神上松懈下来，再也不保持着剑拔弩张的状态。众所周知，谈判要想获得成功，营造和谐的沟通氛围是很重要的。当气氛恰到好处，获得满足的一方自然会想要补偿主动退让的一方，所以也主动让步，从而让谈判双方的差距越来越少，最终达成一致。由此一来，谈判也就顺利达成了。

作为普通人，即使不是谈判高手或者谈判专家，也未必每天都要与人剑拔弩张地针对细节斡旋，也还是可以采取以退为进的策略，经营好人际关系，顺利达成目的。以退为进的最大好处，是不需要以争辩的方式让对方让步，而只需要表面上做出让步，就能让对方心甘情愿满足我们所提出的条件和要求。这样一来，谈判当然会在和谐融洽的氛围中推进，也少了一些人际交往的烦恼。

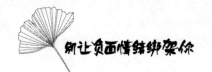
最近，亚娟正在卖家里的房子，想为孩子置换一套学区房。然而，卖房子并不像想象中那么容易，过去三个月，才终于有客户愿意和亚娟针对房屋的价格问题进行商榷。亚娟第一次和客户谈价格，很快就谈崩了。因为面对客户降价的请求，亚娟反反复复只会说一句话："真的已经不能再降了，我也是要买房子的。"最终，客户与亚娟不欢而散。回到家里，亚娟又懊悔起来，埋怨自己："其实，我也可以便宜一万的，但是我为什么就是不知道这么说呢！我又担心万一让得太痛快了，客户就会接着砍价，那我就真不知道该怎么办才好了！"丈夫看着亚娟懊丧的样子，说："既然要换房，能尽快卖掉还是尽快卖掉吧，否则这边多卖一万，那边又多花两万，更不划算了。"亚娟对丈夫说："我当然知道这个道理，我就是不知道怎么说啊！还有那个中介的人，也帮着客户向我砍价，我心里慌慌的。"丈夫似乎想起来什么，笑着对亚娟说："你想想你每次去买衣服，都是怎么和人家砍价的？"看着丈夫别具深意的眼神，亚娟想了想，也情不自禁笑了起来。

原来，亚娟每次去买衣服，为了省钱，又不愿意将就，总是在看完衣服之后，和售货员砍价。亚娟为了砍到合适的心理价位，第一次出价总是会比心理价位更低，然后在销售员做出让步之后，她再加到心理价位，这样一来销售员再次让步，生意也就达成了。有了这样的感悟，在第二次和客户谈价的时候，亚娟心中有底，气定神闲。

客户请求亚娟把价格再让一让，亚娟原定是可以让价一万的，因而说："我原本是不准备降价的，因为我也要换房，钱也很紧张。而且我家房子本身价格也不贵，我报的就是诚心想卖的价格。不过既然你已经开口了，我觉得我还是要给你个面子。这样吧，我让五千，您看看可以的话咱们就能成交。"这番话说完，客户当然也不甘心，也说出一个比亚娟的心理价位更低的价格。亚娟看到客户的样子，暗暗想道："看来也是一个擅长砍价的啊！"就这样，几个回合下来，客户和亚娟以比报价低于一万五的价格成交了，可谓皆大欢喜。

在谈判桌上，以退为进的策略有很好的效果和作用。否则，不管是作为买方一味地要求卖方便宜，还是卖方一味地要求买方加价，似乎都很难达到单方的绝对满意。当价格有差距的时候，只有买卖双方一起努力，各让一步或者两步，才能让交易顺利达成，也才能尽量让买卖双方都获得心理平衡，谁也不会觉得自己做了赔本的生意。

记住，退步不是一味地忍让，而是以退步的方式更进一步。和强求别人做出让步，使别人心中失去平衡相比，以退为让的方式更能够让对方心甘情愿地做出让步，也让交谈的氛围更加和谐愉快。

六

接纳并悦纳自己，断离人生十全十美的嗔念

很多人对于这个世界不满，并非命运薄待他们，对他们不够慷慨，而是因为他们想要的太多，欲望太深重，甚至对于自己都不甚满意。在这种情况下，他们又如何能够心平气和地接纳这个世界呢？常言道，金无足赤，人无完人，每个人都是被上帝咬过一口的苹果，虽然不够完美却依然要散发自己的芬芳。

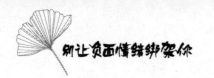
金无足赤，人无完人

　　人是群居动物，每个人都要在人群中生活，要学会融入社会，与这个世界友好相处。然而，每个人又是完全独立的生命个体，别说是陌生人之间，就算是父母与子女、亲密无间的爱人之间，也不可能做到毫无芥蒂，彼此心意相通。可想而知，在人际交往的过程中，每个人都要学会打磨自己的棱角，收起自己的个性，这样才能更好地加入团队，成为团队中不可或缺的一员。但是在现代社会，能够经营好人际关系，在工作中与同事取长补短、精诚合作的人越来越少了。

　　有些人对于自己要求很严格，也情不自禁以同样的标准去要求别人；有的人对于自己要求很松懈，对于别人要求却很严苛；还有的人对于自己松懈，对于别人也松懈。无疑，在这主要的三种相处模式中，最后一种是最让人感到愉快的，但是也是最堕落的，因为当和怀有这种心态的人在一起，彼此都会进入退步的通道，并且对对方没有任何积极影响。相比起来，第二种是最适合用于社交的模式，不过在竞争日益激烈的现代职场上，第一种才是最常见的。

　　几十年前工作的时候吃大锅饭的情况已经不存在了。每个人都要凭着自己的能力养活自己，各家单位都是一个萝卜一个坑，绝不愿意养着任何闲人。由此一来，人在职场，必须如同陀螺一样连轴转，甚至必须挖掘自己的潜力，激发自己的潜能，才能勉强应付这让人抓狂的竞争。实际上，再艰难的人际关系，都有存在下来的理由。只有怀着一颗宽容的心，接纳他人身上不可避免的缺点，我们才能与他人更好地相处，也能在与他人团结协作的过程中，赢得他人的认可和尊重。

嫣然从小就是个小公主，出生在三代单传的家庭里，尽管没有如奶奶所愿生就男儿身，但是一样得到祖辈和父母的无限疼爱。在宠溺中长大的嫣然，几乎零容忍。她真是像公主一样，睡觉的时候，哪怕床垫下面有个豌豆粒，她也能敏感地感觉到。尤其是在与人相处时，因为从小就习惯了得到家人无微不至的照顾，所以嫣然理所当然觉得每个人都应该如同父母和爷爷奶奶一样对待她。

大学才刚开学，嫣然只在学校里睡了几天，就对妈妈大呼小叫，说自己再也无法忍受了。原来，每天晚上下了自习课，只有半个小时的时间洗漱熄灯。每次，乖乖女嫣然都按时洗漱睡觉，但是睡在她下铺的女孩却是个夜猫子，常常在宿管老师查房之后，开着台灯挑战夜读小说。按理来说，每个床上都有床围，嫣然应该可以入睡，但是嫣然从小习惯了在一片漆黑的环境中入睡，才几天就因为睡眠不好变成了熊猫眼。学校里不允许在外面居住，无奈之下，妈妈只好申请给嫣然调换宿舍。然而，换了一个宿舍之后，又有个同学打呼噜。最终，嫣然把全班的宿舍都换了个遍，也没有找到合适的寄身之所。就这样，嫣然成为全班出了名的娇娇女，就连在课堂上，同学们都不愿意挨着她坐了。

实际上，进入大学校园，也就意味着集体生活的开始。嫣然却没有意识到这一点，而将在家里生活的标准套用到大学生活中。不得不说，每个人都有缺点，嫣然要是不能控制自己，接纳同学，只怕永远也无法在集体宿舍中找到立锥之地。

生活从来不是十全十美和尽如人意的，对于生活，每个人都要勇敢地磨去棱

角，才能适应生活。否则，如果个性十足地存在于生活中，与他人之间不断地发生摩擦碰撞，不但苦了他人，更苦了自己。

　　没有人是完美的，我们应该看到自己的不完美，也知道自己不足的地方。当发现他人的不完美时，我们要像接纳自己的不完美一样努力接纳和包容他人。唯有如此，我们才能经营好人际关系，也才能成为社交达人，处处受人欢迎。实际上，人的很多缺点和优点是可以相互转化的，要想建立良好的人际关系，除了接纳他人的缺点之外，我们还要竭力学习他人的优点，欣赏他人的长处。任何时候，都不要先入为主判断一个人，因为你所看到的未必是真的，你所感受到的也不一定是理性的。只有怀着宽容的心态，平和地接纳他人，才能真正与他人和谐共处，得到他人的认可和欢迎，成为不折不扣的社交王。

不攀比，悦纳自己

前面说过，嫉妒是人心中的毒瘤，甚至会彻底摧毁一个人的精神和意志，让他们做出失去理智、歇斯底里的事情。那么，嫉妒又是因何而起的呢？从本质上而言，嫉妒是一种负面情绪，对人有很大的负面影响，要想消除嫉妒，就要了解嫉妒产生的原因，从而才能从根本上解决问题。不得不说，攀比就是嫉妒产生的重要原因之一。

嫉妒之所以发生在熟悉的人之间，就是因为熟悉的人更容易攀比。同样的好事如果降临在陌生人的头上，一定比降临在熟人头上，更使人抓狂和歇斯底里。生存在这个物欲横流、竞争激烈的时代，几乎每个人都陷入欲望的深渊，而根本无法做到无欲无求。所谓的与世无争，只能成为人们对于彼此的祝愿，只能实现在口头上，而根本无法落实到实际行动中。和与世无争相对应的，是一决高下。不得不说，几乎每个现代人都在忙着一决高下，既和自己一决高下，也和他人一决高下，既在日常生活中和熟悉的人一决高下，也在各种比赛中和陌生人一决高下。人，似乎一下子就变成了斗士，忙着争斗，忙着以最好的姿态示人，忙着呈现出自己的最佳状态，也给予别人沉重的打击，使别人在自己的优秀面前自惭形秽，毫无还击之力。

然而，金字塔尖注定了只能容纳极少数的人，每个人即使拼尽全力，也不能

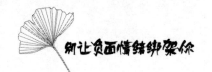

保证自己每次都取得第一，更不能保证自己不会被众多的人挤落在地。在这种情况下，如何面对突然袭来的失败感和挫折感呢？最重要的就在于要调整好心态，接纳自己的失败，也宽容自己不尽如人意的地方。竞技体现得最明显的地方就是在运动场上。无数体坛巨星争先恐后地展现自己的能力，然而，他们之中哪怕是有着独特技能的人，最终也有可能在与他人的竞赛和角逐中黯然失色。也可以说，运动场上的竞技是最残酷的，也是最能够体现人的精神、力量，帮助人获得荣誉的。

遗憾的是，很多人都不能以平常心面对现实，他们常常在激烈的竞争中迷失自我，也常常因为对自己的失望而陷入颓废和沮丧之中。不管何时，我们都要激励自己勇敢地面对未来，也要从容地面对失败，没有人能够保证自己只有成功，不会失败，人生之路越是充满艰难坎坷，越是要勇往直前，绝不畏缩和退却。很多人喜欢和他人比较，实际上，一味地与他人比较并不能让自己获得内心的平衡。人的确要比较，但不是把自己的缺点与别人的优点相比较，也不是把自己的优点与别人的缺点相比较。只有端正心态，把自己的今天与昨天相比较，才能不断激励自己前进，也才能让自己在未来有更好的发展和表现。

毋庸置疑，人有上进心是好的，但是如果因为追求获胜，就迷失了自我，而且导致与自我的相处也出现问题，就得不偿失了。尤其需要注意的是，一定要坚持友好竞争的原则，不要采取各种非正当手段参与竞争，否则只会导致结果事与愿违。

宋茜与李娜在一个院子里长大。不管是在学习上，还是在运动上，宋茜都比李娜表现更好。为此，李娜非常嫉妒宋茜，又因为父母常常拿她与宋茜比较，所以她更是对宋茜产生了强烈的嫉妒。

有一次，宋茜因为考试的时候忘记带一个重要的文具，便向坐在自己前面的李娜借用。李娜对此却有些幸灾乐祸，推辞宋茜说自己也要用，就一直没有借给宋茜。宋茜着急得哭起来，不得不向老师求助。老师要求李娜把文具借给宋茜使用，李娜这才磨磨蹭蹭、十分不愿意地把文具借给宋茜。最终，宋茜因为时间仓促，用到文具的那个题目只写了一半，导致失去了好几分，成绩也落后很多。这样一来，成绩始终屈居宋茜之后的李娜才得以扬眉吐气，一跃超过了宋茜。然而，宋茜意识到李娜是故意不把文具借给自己的，再也不和李娜做好朋友了。在一次考试中，宋茜准备充足，完成试卷很顺利，又成为班级里当之无愧的第一名。李娜呢，不但失去了一个朋友，还是不得不屈居第二，而且她现在也不好意思在遇到难题的时候去问宋茜了。

李娜显然是过于嫉妒宋茜了。实际上，李娜的成绩排在班级前几名，也是很不错的，但是她偏偏要和宋茜比较，而且还故意不借文具给宋茜用，导致宋茜考试中发挥失常。实际上，李娜嫉妒宋茜也没有错，但是最重要的在于，李娜要以正当的方式努力提升自己的学习水平和能力，这样才能真正让自己获得进步，也让自己有更好的表现。

不得不说，攀比心固然要有，但是却不要因为攀比就仇恨和敌视他人，也不要因此否定自己。如果我们能够把攀比心转化为上进心，则能够有效疏导自己内心的情绪，也最大限度满足自己的成长需要。真正的豁达，是接纳自己，一个人如果连自己都不能接纳，又如何拥抱和接纳这个世界呢？

善待自己，善待世界

前文我们说过，每个人都要严于律己，宽以待人，才能更好地与他人相处，也才能建立良好的人际关系，成为处处受人欢迎的社交达人。从另一个角度而言，一个人虽然要善待他人，但是同样要善待自己。唯有善待自己的人，才会善待这个世界，也才会最大限度地打开心扉，用真心和热情积极地拥抱和接纳这个世界。

人很多时候之所以情绪暴躁，就是因为他们的脾气很坏。那么，人为何会脾气很坏呢？不得不说，生活是琐碎的，人又是这个世界上最复杂的生物，所以人心叵测也是正常现象。面对自己纷繁复杂的心绪，每个人都要成为情绪的主宰，才能最大限度控制好情绪，也才能成为自己的驾驭者。很多人之所以充满负面情绪，脾气暴躁，就是觉得得不到自己想要的幸福和未来。实际上，真正的幸福来自每个人的内心，而并非完全取决于客观外界。当内心被满足后，人们就会更加幸福。相反，当内心陷入欲望之中，对于自己都不甚满意，那么还谈何幸福与快乐呢？最重要的在于，不要被生活的艰难曲折而扼杀了自己的幸福感，在很多意外的情况下，我们唯有保持内心的淡然，才能坚持以力量面对命运，真正收获快乐。

有人说，人生是漫长的；有人说，人生是短暂的。不管是漫长还是短暂，对于每个人而言，生命都是无常的，没有人知道自己的生命将会在何时戛然而止。以一百岁为例，其实不管是在古代社会还是在现代社会，百岁老人都是很罕见的，能活到一百岁的老人是不折不扣的老寿星，也是值得钦佩和骄傲的。退一步而言，就算每个人都能活到一百岁，在这百年的时间里，懵懂无知和垂垂老矣的糊涂就要占据几十年，而在青壮年的时间里，每天吃饭、睡觉、休闲的时间至少要占据三分之二，在剩下的三分之一时间里，更多的时候人们感到忧愁和烦恼，而不能完全做到开心和快乐。不得不说，就算是一个百岁老人，在一生之中真正感受到幸福快乐的时间也少之又少，更何况大多数人根本活不到一百岁呢？因而，我们说人生的本质是苦短的，与其纠结于生命的短暂和无常，不如更加用心地接纳自己，善待自己，也满怀热情地拥抱整个世界，这样才能真正享受人生。

在生命之中，人们追求的东西各不相同，有人追求名利权势，有人追求幸福的感受和内心的安然。从生命本质的角度而言，的确，一切身外之物都是生不带来死不带去的，只有感受才是人真正得到的，也是一生之中不容忽视的收获。正如一首歌里唱的，"我能想到的最浪漫的事，就是和你一起慢慢变老"。的确，爱情和婚姻也是如此，拥有再多物质和金钱，也不如一起相依相伴渡过人生的困境来得更好，至少等到垂暮之年，彼此之间还有更多的回忆可以一起追忆。

很多人都被身外之物困扰，都想让自己拥有更多的财富和名利，却忘记了自己的初心：追求金钱权势的目的是什么呢？不就是安然地享受生活，不忽略对于生活中点点滴滴幸福的感触吗？如果为了追求身外之物而放弃内心的感受，不就如同行尸走肉了吗？与其这样，何不整理好心情，让自己更加从容坦然地面对这一切呢？

很久以前，有个渔夫在海边打鱼。他每天都会出海，打够全家人吃的鱼，就

会收起渔网回家。有的时候，家里需要买柴米油盐酱醋茶了，他就会多打一些鱼，拿到集市上去叫卖。他的鱼很新鲜，总是很快就被哄抢一空。有个富人看到渔夫的生活，觉得很不理解，问渔夫："你的鱼总是供不应求，价格也卖得很高，你为何不每天多打一些鱼来卖呢？这样，你很快就会拥有很多钱，还可以把小渔船换成大船，还可以雇人给你打鱼。"

听到富人的话，渔夫纳闷地问："然后呢？"富人哈哈大笑起来，说："你们这些穷人思维真是局限，然后你就可以过悠闲的生活，不必再这么辛苦啦！你有更多的时间留在家里。可以和家人一起晒晒太阳，还可以带着孩子玩耍。"渔夫也笑起来，说："我现在就过着这样的生活啊，为何要转一大圈才回头呢？"听到渔夫的回答，轮到富人呆住了：的确，如果现在就能过这样的生活，为何要把最宝贵的年华都用来积累财富，然后再到暮年时才过这样的生活呢？

这个故事寓意深刻，不同的人会从中看到不同的思想。的确，很多人都在用年轻的时光去努力拼搏，只为了自己在年老的时候不为生活所迫，却不知道钱是永远挣不完的，官职也有无限大的晋升空间，但是陪伴家人的时光一去不返，尤其是孩子的成长更加不可逆转。一旦错过了与家人相处的最好时光，又是多少金钱能够买回来的呢？无数人为了生活而劳累奔波，却完全忘却了工作的目的是更好地生活，而不是盲目地生活。既然如此，当然要仁者见仁，智者见智，这样才能善待自己，也珍惜和家人共处的时光。

现实生活中，很多人都容易因为各种各样的琐碎事而失去好心情，却不知道生命就像一条大河，是非常宽广和深邃的，不要只留意河流上面漂浮着的各种东西，而要透过现象看到河流下面的暗流涌动，也看到河流底下形状各异、璀璨夺目的鹅卵石，这样才能让生命的河静水流深。

发脾气，不但会给身边的人带来伤害，更会影响自己的身心健康。一个人如果对于生命充满了抱怨，而且觉得身边的一切都向自己伸出狰狞的魔爪，那么他们很容易就会错过生命中最美好的时刻。要知道，人生不如意之事十之八九，每个人在生命的历程中都会遭遇各种各样的坎坷磨难。只有怀着坦然的心，以不变应万变，生命才能更长久，也才能给人安然的幸福与快乐。

圣人也不完美，你就是自己的上帝

　　光阴流转了两千多年，儒家思想至今根深蒂固，影响着很多读书人的选择。"修身、齐家、治国、平天下"依然是如今莘莘学子的读书路，正因为如此，很多人把高考当成是人生中鲤鱼跃龙门的关键时刻。在这种思想的影响下，很多人会有一些圣人思想和圣人情结。他们虽然没有完全按照圣人的标准去苛求自己，却在遇到事情的时候，希望自己和他人都能表现得更加理想化，就像不食人间烟火的神仙一样。不得不说，圣人也不是完美无缺的，诸如孔子作为儒家思想的创始人，也依然会有很多不可掩饰的缺点。既然如此，作为普通人，我们为何还要苛求自己和他人呢？

　　当然，不苛求并不意味着把标准完全降低，而是指要适度要求自己和他人，这样才能有的放矢，让自己和他人都发展得更好。现实生活中，包括在职场上，很多人对于自己和他人的要求都太过苛刻，不但导致自己心情低落，也对人生充满了不满意。不得不说，吹毛求疵是无法获得满足和幸福的，这个世界上既没有绝对完美的人，也没有绝对完美的事情。每个人都要远离苛刻，让自己变得更宽容，更随和。

　　还有些人对于普通人的要求是很低的，但是对于那些高高在上的人，则要求特别严格。他们没有把自己塑造成圣人，却希望生活中有更多的圣人，不得不说，这也是强人所难的事情。世界上没有圣坛，也没有人愿意自己被推上圣坛祭奠，更不想再被拖到圣坛之下狠狠地踩上几脚。

要想彻底解决这样的尴尬局面，首先要降低对于自己的要求，千万不要试图把自己打造成非常完美、无可指责的形象。每个人即使以更高的标准要求自己，以更严格的要求对待自己，也无法做到绝对的完美。就像尽管努力改变自己，让自己变得符合很多人的要求，却无法得到所有人的喜爱一样。

在这场恋爱中，若男简直把自己低到了尘埃里。虽然当年是男友主动追求若男的，但是若男在接受男友的表白之后，就对男友忠心耿耿、一心一意。渐渐地，男友对于若男却不冷不热起来，一改追求若男的时候殷勤备至的模样。

若男对于男友百般忍耐，后来，男友甚至提出若男太丰满了，希望若男变成骨感美人。为此，若男开始加大力度减肥，每天晚上都不吃饭，还要快走五公里。渐渐地，若男越来越消瘦，原本红润的面庞也变得憔悴起来。这个时候，男友又嫌弃若男不够漂亮，希望若男能够去整容，变得和范冰冰一样美丽。若男尽管觉得受到侮辱，却依然努力地挣钱，想着有朝一日去整容。结果，若男有一天无意间看到男友和一个女孩手挽手走在大街上，样子亲昵极了。若男觉得如同遭遇晴天霹雳，她把自己锁在房间里好几天，吃了一年多没有吃过的冰淇淋和蛋糕，还终止了风雨无阻的锻炼。痛定思痛，若男明白了一个道理：要爱自己，不要苛求自己，更不要为了一个不值得爱的人苛求自己，因为真正爱你的人会认为你现在的样子就是最好的。

从失恋的痛苦中摆脱出来后，若男收获了好身材，她依然坚持锻炼，坚持节制饮食，但是这次不再是为了任何男人，而是为了成就更好的自己。没过多久，若男就收获了真正的爱情，也被一个真心爱她的男人如获至宝般地宠爱着。

对于若男而言，她显然在爱情中迷失了自己，对于自己太过苛刻了。如果说男友对她提出减肥还可以接受，那么男友让她整容成范冰冰的样子，则简直无法理喻。换一个角度去想，如果他想让范冰冰当自己的女友，为何不去追求范冰冰，让自己取代范冰冰男友的位置呢？显然他知道自己不能，所以就把苛刻的要求和不切实际的期望全都让若男承担，不得不说这是一段没有尊重的爱情，也是一段注定无果的感情，天知道这个可怕的男友还会继续提出什么过分的要求呢？

普通人不可能十全十美。在这个世界上，即使是最上乘的美玉，也会有瑕疵。对于那些会严重影响我们成长和发展的缺点，我们当然要想办法改变，但是对于那些无伤大雅的极小瑕疵，我们一定要对自己怀着宽容的态度。就像几十年前的影视剧，塑造的人物全都是没有任何缺点的、闪耀着英雄光辉的形象。而后来，人们渐渐地发现，这样的形象太过单薄，也不够立体，更不符合人性的真实状况，所以后来才转为塑造有血有肉的英雄形象。所谓有血有肉，就是既有优点，也有缺点。这样一来，英雄尽管不那么完美了，却变得生动鲜活起来。

在美国，大名鼎鼎的巴顿将军曾经说过，将军也并非绝不犯错，而在于他拥有顽强不屈的毅力，能够坚持做自己想做的事情。巴顿将军还以拿破仑为例，在亚纳，拿破仑就曾经在两天内连犯三次错误，但是他坚持正确的决策，所以最终在战争中取胜，也让自己成为世界历史上战功赫赫的拿破仑大帝。

每个人都是被上帝咬过一口的苹果，但是这并不影响苹果的芬芳和美味。面对自己的缺点和不足，我们一定不要任由负面情绪汹涌而来，而要想到自己虽然不够完美，却是最真实自然的自己，也是可以不断超越和成就自我的勇敢者。记住，既然不要以完美苛求自己，也不要以完美苛求他人，也许正是在缺点的映衬下，你的优点才显得如此可爱和迷人，你也才会得到更多人的认可与喜爱。

严于律己，而不要苛责自己

严格要求自己当然是好的，因为每个人都有惰性，每个人都会在惰性的驱使下放纵自己。然而，过于严格地对待自己，就会变成苛求，也会导致自己无所适从。由此可见，凡事皆有度，过犹不及，每个人都要把握好合适的度，既要严于律己，又不要苛求自己，更不要对自己求全责备。没有人是全能手，每个人在面对人生的艰难坎坷时，都会遭遇各种各样的困境，也会在生命的历程中走一些弯路。这是无法避免的，也是理所当然的，要怀着平静的心态面对。

众所周知，运动员的天职就是竞赛，在各种各样的竞赛中，运动把奥林匹克精神发挥得淋漓尽致。然而，运动员尽管要争强好胜，在各种各样的比赛中争取获得胜利，却不能因为固执而伤害自己的身体和心灵。例如，在比赛中发生意外的时候，很多运动员还是坚持带伤上阵，如果实在疼得难以忍受，他们还会让随队的医生给自己打一针封闭。不得不说，这样的精神或许值得提倡，但是这样的做法却不应该盲目效仿。每个运动员的伤情都是不同的，这使得他们能否重新回到赛场也有不同的结果。本着对自己负责的态度，运动员一定要客观评价自己的伤势，也要遵循队医的建议，才能有的放矢地做出决定。例如，跨栏王子刘翔曾经因为比赛而导致足跟部的脚腱受到伤害，有一次比赛，在跨栏前，他停止奔跑，选择黯然离场。很多人为此而指责刘翔，实际上刘翔并不是怯懦，更不是退缩，而是因为他很清楚地知道伤情不允许自己勉为其难地进行比赛，否则不但会导致脚部受伤更严重，也无法取得优秀的成绩。这样的选择是理性的，不应该受到谴责。

很多观众都责怪刘翔，殊不知，刘翔正是因为理性才做出这样的选择，也正是因为能够坦然面对离场的沉重，才勇敢地承担起这一切。现实生活中，很多人或者是为了所谓的面子，或者是用道德绑架自己，因而总是做出力所不能及的事情，这已经不是严于律己，而是自不量力。

世人都认为"严于律己，宽以待人"是真正的美德，殊不知，有人做不到宽以待人，有人对自己过于求全责备，不得不说，这两者都是真正的"宽以待人，严于律己"的标杆。更多的人对于自己宽容，对于他人严苛，还有少部分人对于自己过于严苛，都不能完美诠释这句话。

现实生活中，人很容易放松对于自己的要求，这是因为人的本能就是趋利避害，没有人愿意对于自己过分苛刻。他们不想让自己如同苦行僧一般生活，因而过度降低对自己的要求，这也不符合严于律己。适度律己，才能对人的成长和发展起到积极的作用与效果，他们尽管不是苦行僧，却能够合理规划自己的生活，也能够坚定不移地执行自己的计划。一个人如果拥有顽强的意志力，甚至能够战胜本能上对安逸舒适的依赖，不得不说，这样的人是非常值得敬畏的，也是很有力量的。当他们把意志力用于生活的方方面面，就会发现意志力的强大作用，让他们对于失败如履平地，对于成功则无限接近。

从人际交往的角度而言，一个人如果严于律己，大家未必都会非常喜欢他这个人，但是却会发自内心地敬佩他。最典型的是在职场上，作为上司，一定要严于律己，再对下属要求严格，这样才能起到良好的效果。如果上司对于自己非常松懈，却还想对于下属从严要求，则一定会遭到下属的反对，也会被下属以各种

理由拒绝。这样一来，管理工作无法顺利推进，作为管理者也根本无法树立自己的良好形象。

　　最近，李刚带领的团队接了一个大项目。为了这个项目，李刚和所有的团队成员都非常努力，总是没日没夜地苦干，加班更是成为常态。刚开始，整个团队里每个成员的想法一样：这个项目至关重要，只有干好了，才能在领导面前崭露头角。

　　然而，当项目进行到白热化阶段时，因为李刚的一个决策，导致项目功亏一篑。当初在做出决策的时候，并非全票通过，而是李刚固执己见。得到这样的结果，李刚非常懊悔，也几次三番对大家展开检讨。有个别成员抱怨李刚刚愎自用，也有的成员想得开，安慰李刚："你也是为了大家好，也是为了项目好，不要再责怪自己了。"后来，李刚居然交上了辞职信，要引咎辞职。领导对李刚说："本来，你敢于承担责任，也很主动地反思自己的错误，我觉得你还是很值得钦佩的。但是如今你要为了这个错误而辞职，就让我感到很失望。你想，公司为何愿意把这个项目交给你，难道是认准了你只会成功不会失败吗？其实，是公司领导对你的信任，也想到万一你失败了，至少能够学到经验，从而进一步成长。你现在得到失败的经验，还要辞职，岂不是更把公司置于水深火热之中吗？"听到领导诚心诚意的挽留，李刚感动得热泪盈眶。最终，李刚选择留下来，痛定思痛，争取在其他的项目中做出成绩，以回报领导的信任。

　　对于李刚而言，如果因一次失败就一蹶不振，那么的确辜负了领导对他的信任和托付。人非圣贤，孰能无过，严于律己绝不是说在一次失败之后就一蹶不振，再也不能振奋精神，而是说要在失败之后认真深刻地反思自己，从而才能改正错误，也最大限度发掘自身的潜力，激发自己的潜能，让自己获得真正的成功。这才是强者所为，否则过度严于律己就会产生退缩和逃避的心理，也会让自己变得很被动。

一个人对于自己非常严格，很难做到对别人非常宽容。他们常常督促自己努力，又因为看到其他人处于松懈的水平，因而常常觉得实力失衡。在这样的状态下，尽管他们想要做到宽以待人，却又忍不住对他人求全责备，为此导致心中积累郁闷之气，也导致身心健康都受到很大的影响。在这种状态下，唯有放松内心的紧迫状态，他们才能做到更理性淡然，也才能做到对自己和他人都松紧适度。记住，罗马不是一天建成的，很多事情都讲究可持续性发展，人生也是如此。

走自己的路，让别人说去吧

现实生活中，每个人都想获得成功，也有很多人把成功作为人生的终极目标，为了成功绞尽脑汁，想方设法，就是不愿意妥协。殊不知，成功从来不是一蹴而就的，古往今来大多数成功者之所以能够获得成功，非但不是得到了命运的特别青睐，反而是遭受到命运更多的捉弄和磨难，在与命运不断抗争的过程中始终不忘初心，顽强不屈，才取得最后的成功。曾经有科学家经过研究证实，大多数人的先天条件都相差无几，之所以有的人能够获得成功，有的人总是遭遇失败，就在于后天对待失败的态度不同。成功者能够从失败中汲取经验和教训，踩着失败的阶梯不断向前，而失败者在被失败打击之后，马上就会退缩不前，萎靡不振，也因此彻底与失败结缘。不得不说，不管是成功还是失败，都是后天的选择，而绝非命中注定。

每个人都是这个世界上独一无二的生命个体，因而对于成功的追求也不应该盲目地模仿他人，而是要坚信自己有独特的成功。正因为如此，我们不能盲目套用和照搬他人的成功，而应该更努力奋发向上，才能让自己的成功绽放出不一样的光彩。我们也要避免和他人比较，而要与自己比较，这样才能更有效地激励自己不断向前，努力奋发。当拥有属于自己的成功时，我们更应该感到骄傲和自豪，而不要因为盲目羡慕他人的成功，就对自己有过高的期望。

但丁曾经说过，走自己的路，让别人说去吧！这句话听起来狂妄不羁，似乎也不把全世界看在眼里，实际上却很有道理。因为任何人都无法代替别人做出选择，也无法让别人代替自己行走人生之路。既然如此，只能走好自己的路，自己为自己喝彩，而不奢求别人的理解和支持。能够得到别人的认可与尊重固然重要，如果得不到别人的认可和尊重，就要更加理性地坚持自己的本心，而不要盲目地随波逐流。

当然，人是群居动物，人人都希望在人群之中获得认可。但是，如果出现最糟糕的结果呢？例如所有人都不认可我们的奋斗，所有人对我们的努力都置之不理。即便如此，我们也不能按照大多数人的思维去生活，因为只有坚持自我，才能获得真正属于自己的成功。记住，每个人都有自己的人生和成功，成功是从来不可复制的，成功的经验更是不可能盲目照搬的。坚定不移做真实自然的自己，对于每个人而言，才是最大的成功，也才是最值得称赞和期许的。

很多人会发现，对于双胞胎而言，即使他们长得一模一样，在完全相同的家庭环境中接受相同的家庭教育，但是他们的脾气秉性和各种人生观念也会截然不同。这是因为他们对于人生有不同的理解，所以在面对人生选择的时候，才会做出截然不同的反应和选择。双胞胎尚且如此，更何况是陌生人呢？对于每个人而言，能够在人生中找到志同道合的朋友、战友，自然是幸运的。但是如果不能，也是人生的正常现象，根本不应该懊丧。

很久以前，父子俩要去赶集，卖掉家里的一头驴子，为此天才蒙蒙亮就牵着驴子朝着村外走去。才走到村口，几个早起的人看到父子俩牵着驴子，不由得指指点点："这俩人可真傻啊，明明有驴子可以骑，却偏偏要牵着驴子走，简直太笨了。"父亲听到众人的议论，也觉得自己牵着驴子走太可笑，因而让儿子坐到

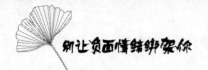
驴子后背上。

走着走着，他们遇到一个老农民。老农民看到父亲跟着走，儿子却骑着驴那么悠闲，因而当即指着儿子说："你这个孩子真不孝顺，居然让父亲跟在后面走！"听到这话，农民当即让儿子下来跟着走，自己骑到驴背上。没想到，在进入隔壁村子的时候，村头几个正在择菜的妇女当即大声议论："这个父亲一定是继父，不然怎么舍得让这么小的孩子跟着走，自己却骑着驴子那么轻松呢！"这下子，父亲也不知道该怎么办才好了，思来想去，只好让儿子和自己一起骑驴。

穿过隔壁村子，快要到达集市时，又有人对农夫说："你们的驴子肯定是偷来的吧，否则你们怎么这么不爱惜牲畜呢！这头驴子才这么小，你们居然两个人都骑到驴背上，也不怕把驴子压死啊！"父亲气急败坏，第一时间就从驴背上下来，还让儿子也下来。他不知道从哪里找来一根粗壮的木棍，居然让儿子和自己一起把驴子四蹄朝上抬起来走。就这样，父亲和儿子累得气喘吁吁，在经过集市附近的小桥时，居然因为被人嘲笑，和驴子一起掉入了河水中，狼狈不堪。

事例中的父亲丝毫没有主见，所以才会在被人议论的时候，就马上改变想法和做法。殊不知，对于同一件事物，每个人都有自己的意见和观点，在被人说来说去之后，父亲和儿子抬着驴子往集市走去，居然掉入桥下的河水中，不但把驴子摔得够呛，他们俩也浑身湿漉漉的，狼狈不堪。

做人，一定要有自己的主见，尽管要采纳他人的意见和建议，却不是盲目地采纳，而要在独立思考也综合自身实际情况的基础上，有的放矢、适度地参考他人的意见。否则，如果总是人云亦云，而且毫无主见地跟随他人的意见盲目地改变自己，最终只会一事无成，事与愿违。

战胜自己，才能征服世界

曾经有位名人说，每个人最大的敌人就是自己，唯有战胜自己，一个人才能征服世界。乍听起来这句话似乎没有道理，因为人怎么可能与自己为敌呢？没错，人的确不会与自己为敌，但是人却会因为自身的很多弱点、缺点和不足，而导致自身发展受到局限。这里所说的战胜自己，不是自己把自己打倒，而是指要克服自身的缺点和不足，从而才能以顽强的毅力不断地突破和超越自己，也才能真正征服世界。

很多人都有莽夫之勇，因为他们总是盲目乐观，也根本意识不到危险的存在。不得不说，这样的莽夫之勇不是真正的勇敢，因为他们根本不知道危险，自然也就谈不上害怕和勇敢。真正的勇敢，是明知山有虎偏向虎山行，是明知道自己做某件事情未必有足够的能力，却依然愿意让自己试一试，从而最大限度地激发出自身的潜能和力量，让自己超出自身能力，实现更远大的理想和目标。与这些真正勇敢的人相比，有的人根本不知道危险或者压根没有意识到危险，也或许是高估了自己，低估了目标，这都是盲目的行为，是不值得提倡的。

记住，世界不会因为任何人而妥协和改变，每个人唯一要做的就是改变自己，适应世界，当把自己真正融入世界，他们才能最大限度地发挥自身的力量，也让自己在理性之中成为真正的强者。常言道，心若改变，世界也为之改变。每个人

都要更加灵活自由，才能摒弃墨守成规的思想，才能在灵活机智之余，在世界上左右逢源，随机应变。很多人都羡慕成功者，却不知道真正的成功者并非一蹴而就获得成功，也不是因为得到了命运特别的青睐和眷顾才距离成功如此之近，而是因为他们在成功的道路上即使遭遇再多的风雨泥泞和坎坷，也从未放弃过努力，更不可能感到绝望过。

人生不如意之事十之八九，每个人在生命之中都不可能一帆风顺，与其抱怨命运不公平，或者想不明白别人为何都能那么轻易地收获成功，不如切实地努力，以实际行动改变命运，这样才能够主宰命运，也掌控人生。古今中外，无数人因为不向命运低头，所以才能不断地改变命运，成就辉煌的生命。例如，司马迁遭遇宫刑之后，依然在监狱里完成了《史记》的创造，《史记》更是被鲁迅先生誉为"史家之绝唱，无韵之离骚"。再如，霍金身残志坚，尽管全身只有眼睛和几个手指能动，却成为科学上的巨人，这与他不甘心屈服于命运有着密不可分的关系。一个人，不应该被自身的缺陷所禁锢，也不应该被世界所左右。唯有成为自己的主宰，成为命运的掌舵手，才能真正驾驭命运的帆船，让命运不断地扬帆起航，最终达到胜利的彼岸。

拿破仑是不折不扣的贵族子弟，只不过他出生的时候，家族已经没落了。父亲把所有的希望都寄托在拿破仑身上，集中所有的财力、物力，把拿破仑送入贵族学校学习。然而，在这所学校里，很多贵族都团结起来，勾帮结派，对于拿破仑这样的没落贵族，极尽排挤。为此，拿破仑感到万分苦恼，甚至怒火中烧。但是，他除了默默地忍受愤怒之后，根本没有其他办法可以应对这些屈辱和排挤，因为他不想让父母所付出的一切都付诸东流。遗憾的是，那些贵族并没有因此饶过拿破仑，而是继续挤兑拿破仑，拿破仑忍无可忍，只好请求父亲准许他退学。

得知拿破仑当时的困境后，父亲开导拿破仑："愤怒是一种非常强大的力量，如果你能够驾驭愤怒，也许会发现不一样的自己。"小小年纪的拿破仑根本不知道驾驭愤怒是什么意思，但是他很聪明，很快意识到父亲是让他主宰自己，不要失去对自己的控制。为此，在此后的学习生涯中，拿破仑每次都能把自己的愤怒转化为学习的强大动力，他发誓要让自己变成真正的贵族，要得到所有贵族的尊重和仰视。果然，树立了这个远大目标之后，拿破仑再也不因为受到同学的排挤和嘲笑就精神崩溃，相反，他发愤图强，拼尽全力地做好每一件事情。最终，他不但赢得了同学的认可和赞许，而且还得到了上级长官的肯定和器重。最终，拿破仑成为军队中首屈一指的人物，而那些曾经嘲笑他的贵族同学则变得无足轻重，甚至不得不违心地巴结拿破仑。最终，拿破仑成为改写世界历史的人，被全世界的人所熟知和敬仰。

当然，作为普通人，我们的命运未必如同拿破仑那样大起大落，拥有神奇的转折。即便如此，我们也应该努力地扭转命运，从而让人生有好的发展和值得期许的未来。很多人自以为理想远大，就把一切都不看在眼里。实际上，这样的狂妄自大除了使人故步自封，没有任何进步之外，不会对人起到积极的推动作用和正向的力量。

现实生活中，我们既不能妄自菲薄，也不能好高骛远。古人云，"一屋不扫，何以扫天下？"同样的道理，如果我们连生活中的小事情都做不好，又如何把大事做好，而且也让自己赢得更美好的未来，创造更充实的人生呢！这个世界虽然充满了不确定性，命运是未知的，但是我们却可以操控自己，也可以在人生的道路上不断砥砺前行，从而彻底改变命运的方向，成为真正的人生掌舵手。

与其羡慕别人，不如成就自己

  人为什么会感到痛苦呢？归根结底，是因为人有一颗永不知足的心。常言道，知足常乐，正是告诉人们每个人必须对自己所拥有的一切感到满足，才能真正地获得快乐。简而言之，也可以说是因为比较和嫉妒，让人感到不快乐。如果人更多地把目光投射到自己身上，反观自己的收获，那么就能安然而又快乐。反之，如果人总是盯着别人的优点而与自己的缺点进行比较，也把别人的收获与自己的贫瘠相比较，那么就会郁郁寡欢，始终与幸福快乐绝缘。

  在西方国家，人们常常说，一个人很容易获得幸福，但是却很难在与他人的比较中始终占据优势，始终感到心满意足。当生活陷入攀比和无尽的欲望之中，一切都会变得举步维艰，也会给人带来无尽的烦恼。由此可见，每个人要想收获快乐，最重要的在于不要与他人进行毫无意义的比较，尤其是不要拿自己很少的收获与别人丰富的收获比较，不要拿自己的缺点与别人的优点比较。

  现代社会，很多人都追求金钱和名利，甚至以此为标准来衡量人生是否成功。实际上，金钱权势都是身外之物，很多人羡慕他人的富有，却不知道有钱人正在羡慕他闲云野鹤、自由自在的生活；很多人羡慕他人身居高位，却不知道当官的人正在羡慕他身体健康，妻儿环绕身边。人人都有苦恼，穷人有苦恼，比如常常为生活所迫。有钱人也有烦恼，比如常常面对用钱无法解决的问题。所以不管我们是穷人还是富人，是年轻人还是年老的人，都要看到自己的优势，也要看到别人的劣势，从而才能客观公正地认知自己，也真正从容地做好人生中的很多事情。

在生活中，一味地与他人进行比较实际上是不足取的，这是因为每个人都是世界上独一无二的生命个体，每个人都有属于自己的生活方式和属于自己的成功模式。当一个人盲目地羡慕他人，或者想要照搬他人的成功经验，则往往会很失望，这是因为一个人既不能通过模仿让自己变成他人，也不能因为对生活不满意就找到代替自己去生活的替身。每个人的生活都是自己的，如假包换，人与人之间绝不可能相互替代和取代。人人只看到明星的成功，却没有看到在成功的背后，明星也有很多不为人知的苦恼和艰辛。所谓"台上一分钟，台下十年功"，正是告诉我们那些明星在光鲜亮丽的背后，也有掺杂着血泪的付出。这个世界上，从未有过天上掉馅饼的好事情，更没有过一蹴而就的成功。每个人都要努力地提升和完善自己，一点一滴地进步，才能最大限度地发掘自身的潜力，让自己拥有更充实美好的人生。

人生是短暂的，与其沉浸在对他人的羡慕之中，不如最大限度地成就自己，这样才能在人生之中有更多的成就，也才能为自己争取到更多的机会。否则，在无休无止的羡慕甚至是抱怨中，人们总是会错失更多的机会，也会在人生的道路上越来越偏离正确的轨道。

很久以前，有个农夫每天都过着辛苦的生活，觉得很厌倦。有一天，农夫在山里砍柴的时候，遇到了一个神仙。神仙说自己可以满足农夫的四个愿望，于是，农夫当即请求神仙让他摆脱现在的生活，因为他想成为高高悬挂在天空中的太阳。神仙马上满足了农夫的请求，然而，农夫变成太阳之后仅仅普照大地几个小时后，就被乌云遮蔽了。太阳尽管想用阳光穿透乌云，却没有什么效果。太阳很郁闷，当即召唤神仙出现。

神仙出现在太阳面前，太阳说："我不想当太阳了，我想变成风，吹散乌云。"话音刚落，太阳就变成了狂风，转眼之间就把乌云吹散了。然而，狂风吹啊吹啊，

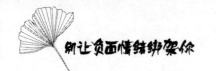

很快来到了大山旁边。大山很高，把狂风遮挡得严严实实。狂风只好找来神仙，说自己要变成大山。神仙还是答应了农夫的请求，只不过提醒农夫还有一次改变的机会。才当了大山没多久，大山又后悔了，他觉得自己每天只能这样静默地矗立着，甚至连挪动分毫都做不到。就这样，农夫利用最后一次表达愿望的机会又变成了农夫。从此之后，他依然过着日出而作、日落而息的生活，虽然生活贫苦，但是他再也不羡慕其他任何人或者东西，更没有后悔过。在他勤劳的双手之下，生活变得越来越好。他还娶妻生子，每天都能看着孩子健康快乐地成长，心中别提有多么欣慰了。

农夫先后变成了太阳、狂风和大山，但是都不如当个农民逍遥自在。他最终意识到与其盲目地羡慕他人，还不如更加全身心投入地经营好自己的生活。这么想来，农夫越来越快乐，也不再这山望着那山高了。

生活中，很多人之所以总是感到忧愁苦闷，并不是因为他们现在的生活不够好，而只是因为他们总是盲目羡慕他人的生活，也总是对于生命中的一切不自知。在这样的状态下，他们拥有永不知足的心，却不愿意付出努力改变命运和生活的现状，如何做到知足常乐，也更幸福快乐呢？

生活中，我们应该坚守自己的幸福，而不要盲目地与他人攀比。否则，我们不但无法得到自己想要的一切，就连此刻享有的幸福也要失去了，可谓得不偿失，事与愿违。因而真正的聪明人总是能够从容淡然地面对这一切，也总是能够在现实生活中不忘初心，把握好自己的命运，成为人生不折不扣的掌舵手。记住，幸福是知足常乐，是从自身出发去努力争取，而不是生搬硬套别人的幸福。

七

不敏感，粗枝大叶也能活得绚烂多彩

现实生活中，有的人非常敏感，对于生活的很多小细节和细微的改变，都看在眼里记在心里，都暗暗地琢磨，从来不放弃。这样的认真细致发挥在某些方面也许会起到积极的效果，但是如果总是落实在生活中没有意义的方面，反而会让人变得草木皆兵，不论什么时候都无法轻松快乐地生活。和敏感的人相比，粗枝大叶的人也许更容易适应这个社会，也能够以粗犷的风格帮助自己赢得更多的机会和成功的可能性。既然不敏感，粗枝大叶也能活得绚烂多彩，我们又何必让自己的心总是陷入困顿之中无法自拔呢？

世界上没有所谓的公平

现实生活中，很多人都追求公平，天真地以为这个世界理应公平合理。为此，每当看到社会中有不公平的现象或者有一点点不公平的迹象，他们马上就会抱怨"这不公平""你凭什么拥有好运气"等。殊不知，这样的抱怨对于人生而言，没有丝毫的作用，反而会让人们因为抱怨而错失解决问题的最佳时机，导致事与愿违。与其一味地追求公平，为了现实中各种不公平的现象而悔恨、抱怨，不如彻底地放下是否公平的执念，让自己的心放松，从而更坦然地面对和迎接人生。

一味追求公平的话，如果得到了公平，则会让这样偏执的行为变本加厉；如果没有得到公平，那么内心就会愤愤不平，更加敏感，也会让自己承受很多不必要的委屈。实际上，追求公平并没有错，错的是不要一直追求公平或者盲目地追求公平，毕竟很多事情处于随时随地的发展和变化之中，一味地追求公平或者追求绝对的公平，都是不可取的，也根本不可能实现。每个人都要意识到，这个世界上没有绝对的公平，所谓的公平只是相对而言的，也是要根据事情的发展变化随时调整、与时俱进的。

凯威大学毕业后很久都没有找到合适的工作，他看得上眼的工作都得不到，有机会的工作呢，他又根本看不上。在这种高不成低不就的状态下，转眼之间，已经半年过去了，凯威还是待业青年。眼看着同学们在各自的岗位上已经稳定下来，凯威也很苦恼，他想降低自己的择业标准，却又觉得不甘心。爸爸曾经提出发动自己老战友的关系帮助凯威找工作，凯威也不想让靦爸爸着老脸去求人，更不想自己被人说成是凭着关系才进入公司的。

在这样的进退两难中，凯威苦恼极了。一个周末，凯威和几个同学一起去郊外爬山。在山上，他们偶然进入一座寺庙里。看着住持，凯文突然心中一动，赶紧请教住持："住持，您说，我如何做才能找到合适的工作呢？这个社会实在太不公平了，很多上学时不如我的同学，全都轻而易举得到了很好的工作。而比他们更优秀的我，拿着学历和证书去求陌生人，或者让我爸爸拿着钱和贵重的礼物去找熟人走后门，这恰恰都是我不愿意去做的。"主持听了年轻人的苦恼，不由得哑然失笑："施主，你是因为心中有执念，才会觉得不公平。如果你放下执念，就会恍然大悟：不管以怎样的方式找到工作，工作是最重要的。而且，这个世界上哪里来的公平呢？你可以用心想一想，公平的'公'字有四个笔画，而公平的'平'字却要五个笔画。所以，你所要的公平只是你心中的执念，现实生活中根本不存在啊！"住持的一番话说得凯威恍然大悟。

后来，凯威在爸爸战友的帮助下进入一家大公司。为了避免被人说成是走后门进来的绣花枕头，凯威在工作上非常努力，从来不敢有片刻懈怠。最终，凯威以优秀的业绩获得了上司和同事们的赏识，而且还顺利晋升！至此，凯威再也不纠结自己是凭着关系进入公司的，因为实力为他证明了一切。

就像没有绝对的完美一样，这个世界上也根本没有绝对的公平。很多人都追求公平，原本是为了让自己生活得更好，最终却发现在追求公平的过程中迷失了

自己，导致自己陷入被动，失去了对生活的幸福感受。不得不说，这样就更加得不偿失了。

既然每个人每天都要生活在各种各样的不公平之中，遭受别人或者有心或者无意各种各样不公平的对待，不如从此放下追求绝对公平的执念，从而让自己的内心保持平衡。否则，当陷入对绝对公平的偏执追求中，人们就会变得狂躁不安，也会因为与公平较劲而失去对于生活的深刻感悟和美好体验。唯有认清楚这个世界不公平的本质，我们才能坦然地接受不公平，全心全意享受幸福美好的生活。否则，如果整日因为不公平而纠结，伤害的不仅仅是自己的身心健康，扰乱的还有自己的心绪。放下对不公平的执念，不仅拯救了他人，也拯救了我们自己，更给了我们自己幸福快乐的人生。

忘记过去，才能勇敢奔向未来

前文说过，人生中有三天：昨天、今天和明天。毋庸置疑，昨天已经成为过去，成为不可改变的历史，明天还没有到来，是遥不可及的未来。只有今天，才真正把握在每个人手中，也是每个人真正可以实现和兑现承诺的日子。既然如此，就不要因为过去而烦恼，更不要因为未来还没有到来而担忧，每个人唯有把握当下，勇敢地抓住今天，才能真正地操控人生。

遗憾的是，现实生活中常常有人沉湎于过去，或者以过去的荣誉为自豪，或者用过去的沉痛把自己压得喘不过气来。殊不知，不管以怎样的方式缅怀过去，过去都一去不返，不可重来。而当从失败之中汲取经验和教训，从过去之中找到现在的影子和明天的希望，接下来要做的事情就是放下过去，忘记过去，这样才能不遗余力奔向未来，最大限度实现人生目标。

很多人之所以纠结于过去，是因为他们过于看重得到和失去。实际上，对于漫长的人生而言，得到和失去并没有任何实质性的意义，只是因为得到和失去投射到人的心灵上，改变了人对于人生的看法，对于命运的态度，得到和失去才变得那么重要。一个人如果长久地沉浸在过去的仇恨或者负面情绪中，非但无法挽回自己的损失，还会导致自己的损失更加惨重。这是因为时间的代价和生命的流逝，是任何人的生命不能承受之重。每个人唯有及时放下过去，忘记过去，才能

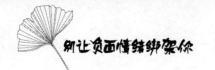

从过去中崛起，也才能真正领悟到生活的意义和真谛。

时间的脚步匆匆向前，不因为任何人的挽留，就有所改变。所以不管我们如何度过过去的时光，生命都在缓缓地向前流逝，从不停止。记住，每个人唯有更加理性地面对未来，才能真正地摆脱过去对于自己的束缚，也才能从过去中汲取生命的养分和力量，让过去成为人生中最坚实的铺垫。

古今中外，很多伟大的人物并非没有过去，甚至他们的过去还非常沉重。那么，他们在人生之中为何有那么好的发展和成就呢？就是因为他们从来不畏惧过去，更能够鼓起勇气勇敢地面对过去。只有不把过去隐藏起来，一个人才能从过去中反思、崛起，最终因为过去而变得精神充实，内心强大。

二十世纪的美国，无人不知道飞机大王卡拉奇和建筑大王凯迪。他们不但各自在飞机制造领域和建筑领域都做出了伟大的成就，而且彼此还是好朋友。巧合的是，卡拉奇有一个儿子，凯迪有一个女儿，为了让彼此的友谊延续下去，也在商场上更亲密地与对方合作，卡拉奇和凯迪不约而同地想到了一个主意，那就是让他们的儿女结为夫妻。

然而，卡拉奇的儿子和凯迪的女儿并没有一见钟情，他们的感情发展很不顺利，却碍于双方父母的压力而不得不在一起。才结婚没几年，凯迪的女儿就因为中毒而身亡，警察经过调查发现正是她的丈夫——卡拉奇的儿子毒死了她。让人惊讶的是，卡拉奇的儿子从来都是矢口否认自己杀害了凯迪的女儿，在这样的情况下，两家之间的关系越来越恶劣，最终，卡拉奇的儿子锒铛入狱。看到儿子入狱，此前一直在为儿子寻找辩护律师开脱的卡拉奇开始在经济上弥补凯迪。他害怕凯迪会拒绝，因而每次都借着生意上的交往让出利益给凯迪，让凯迪无法拒绝。他不知道，凯迪每次从卡拉奇那里得到更大的利润，总是心如刀绞，觉得自己对不起含冤死去的女儿。直到二十几年过去，才有事实证明凯迪的女儿不是被他人毒杀的。得到这个消息，卡拉奇和凯迪都如释重负。当媒体闻讯赶来采访他们的时候，他们全都感慨地说："没有人能弥补我们这些年来饱受折磨的心灵。"

二十几年来，如果不是真相浮出水面，根本没有人能够解开卡拉奇和凯迪的心结。而二十几年过去，即使他们真的知道这些年来彼此误解了，却依然感到心灰意冷，感慨万千。假如他们能够早些忘记仇恨，他们会更幸福地度过二十几年的时光。人生一去不复返，他们遭到了命运最残酷的惩罚和折磨。

人与人之间并非天生的仇人，当彼此之间发生各种矛盾的时候，最重要的就是缓解矛盾，积极地站在他人的角度思考问题，从而发自内心地宽容和理解他人。如果一些仇恨要付出生命的代价去偿还，那么这样的人生是永无宁日也不能得到真正解脱的。人是群居动物，牙齿还会碰到舌头呢，更何况是相互接触的人呢。想到这一点，我们就要以宽容之心待人，也要以真正地理解和包容善待他人，这样才能让自己的心远离仇恨，也才能让自己的人生充满爱与自由。

改变自己，更好地适应世界

人人都希望自己的生活顺遂如意，然而，命运偏偏与人作对，导致人们在面对生活的很多困境时，常常束手无策，根本不知道应该怎么办才好。为此，有人撞得头破血流，真正做到不撞南墙不回头。实际上，当世界注定是无法改变的，我们就要更加努力地改变自己，让自己适应这个世界，才能取得更好的发展。正如人们常说的，条条大路通罗马，从来没有任何道路是很平顺的，要想到达目的地，我们也要学会迂回曲折。

每个人的存在都是合理的，每个人既然活着，就要努力实现自己的价值。在中国古代，庄子主张每个人都要老实本分，安然地度过一生。为此，有很多人批判庄子没有积极的人生态度，其实是误解庄子了。庄子无非想告诉人们，世事难行，每个人都要努力改变自己，适应环境，才能磨圆棱角，也让自己获得更好的生存，真正实现人生的价值。否则，如果一味地与外界死磕，最终的结果就是两败俱伤，或者导致自己碰得头破血流，根本没有任何回旋的余地。因而庄子是深谙处世哲学的，而非大多数人所看到的那么软弱和怯懦。大名鼎鼎的国学大师南怀瑾也曾经说过，人活着必须实现自己的价值。对于人际交往，南怀瑾也有自己的理解，他主张在个性上可以先委曲求全将就别人，等到相互融合，取得合作，再引导他人走上特定的道路。不得不说，这也是一种改变自己，以适应社会的方法，是高明的处世哲学。用现代社会的语言对这样的出世思想进行总结，就是"先生存，后发展"，就是"留得青山在，不怕没柴烧"。当然，这不是让人们对于人生失去原则和把控，而是告诉人们要适度向人生妥协，最大限度地争取在人生中有所收获，有所成就。

抗战期间，南怀瑾生活窘迫，有段时间去了四川谋生。为了养活自己，他刚刚到四川就进入一家报社找工作。报社里值班的老人还以为南怀瑾是日本人呢，南怀瑾赶紧表态："我是中国浙江人，是为生计所迫才来到这里谋差事的。我什么都能做，端茶倒水、扫地擦桌子，都可以。"还不等老人回答，恰巧报社的老板看到南怀瑾，因而让南怀瑾给他们当清洁工。

南怀瑾的确当了一段时间清洁工，虽然干起活来笨手笨脚的，但是他却很认真，堪称一丝不苟。老板的眼光也是很厉害的，看出来南怀瑾根本不是干粗活的人，便问南怀瑾会不会写文章。初来乍到，南怀瑾可不想把自己辛辛苦苦找到的工作搞砸了，为此很谦虚地说自己学过一些文学。老板当即出了个题目给南怀瑾现场写作，结果，南怀瑾写出来的文章思路清晰，论点明确，文风斐然。老板如获至宝，当即邀请南怀瑾当报社的副主编。尽管当了副主编，因为报社里人手少，南怀瑾也经常在工作之余做一些打扫卫生、端茶倒水的工作。正是这样的蛰伏，才让南怀瑾度过生命中最艰难的阶段，最终有了更好的发展。

如果不能生存下来，南怀瑾还有什么前途可言呢？他从战乱的地方逃荒到四川，在四川蛰伏下来，所以后来才能卧薪尝胆，发展自己的潜能和水平。尽管如今是和平年代，但是依然需要先生存，才能求得发展。在现代职场上，很多刚毕业的大学生眼高手低，实际上就是缺乏脚踏实地的实干精神。

人生不如意之事十之八九，没有任何人的人生是一帆风顺的。在现实生活中，很多人都会因为各种各样的事情而怨声载道，殊不知，天无绝人之路，只要放弃抱怨，持有积极的思想，想方设法寻求解决的办法，一切就都有可能实现。最关键的在于，每个人都要端正心态，不要被无法改变的环境禁锢，而要积极地改变自己以适应外界，从而与外界更好地和谐共处。还记得芦苇和大树的故事吗？当一阵强风吹过，大树被折断，或者被连根拔起，而顺着风势而为的芦苇却能够生存下来，可以保存自己。做人也要把心思放得灵活一些，这样才能审时度势，顺势而为，也才能以变为不变，应付瞬息万变的时代和世界。

敞开心窗，让世界亮如明镜

很多爱好摄影的朋友都知道，如果相机的镜头是脏的，那么拍出来的一切都如同蒙上了灰尘，看起来脏兮兮的。同样的道理，如果一个人总是戴着有色眼镜看待这个世界，那么可想而知，他看到的一切也都带着眼镜的色彩。从这个角度来说，一个人如果想看到简单纯粹、干净明亮的世界，就要经常擦拭心窗，这样才能让世界变得明亮如初。否则，当心窗蒙上了灰尘，整个世界哪里还会窗明几净呢！所以朋友们，当抱怨世界如此脏乱地呈现在自己面前时，不如先停止抱怨，反思自己的心窗，也努力地把心窗擦拭得更干净，清澈透亮。

要想看到明亮如镜的世界，除了要擦拭心窗之外，还要努力打开心窗。现代社会，有很多人都喜欢宅在家里，变成宅男宅女，这种情况下如何能够打开心窗，更多地接纳外面的风景呢？尤其是很多人因为长期宅着，导致对于外界都不能做到从容地接纳和理性地接受了。在长期的自我封闭中，他们的心一定会越来越闭塞，他们的言行举止也一定会渐渐地与社会脱轨。不得不说，这样的后果是非常严重的。人，是群居动物，是社会的一份子，任何情况下都不应该让自己脱离人群生活，而要更加积极主动地融入人群，也要寻找办法与其他人更好地交流合作，这样才是长久之计，也是生存大计。

不管是谁，一旦与这个社会脱节，不仅禁锢了自己的身体，更是禁锢了自己

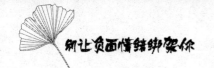
的心灵，导致自己的身心都被封闭，也会因为长久见不到外界的阳光，呼吸不到外面新鲜的空气，而变得迂腐起来。从这个角度而言，每个人都要对世界怀着开放的态度，这样才能最大限度地经营好人生，真正实现人生目标和伟大的理想。

很久以前，有一个人总喜欢把家里的门窗都关闭上，而且还会把窗帘拉得死死的。时间长了，他的家里因为不通风，也没有阳光照射进来，产生了难闻的异味。有一次，朋友来到他的家里做客，一进入房间就被熏得直皱眉头。他不知道朋友怎么了，还以为朋友不舒服呢，因而赶紧询问朋友的情况。朋友有些犹豫，直接说担心伤害了他的自尊心，不直接说又实在忍不住这股难闻的气味。思忖再三，朋友才告诉他："没什么，就是屋子里的空气中，弥漫着一股不见天日的味道。你为何不把窗户打开通通风呢，而且还可以让阳光照射到床上，把被子晒得松软，充满阳光的味道。"

他很惊讶："为何要打开窗户呢？"朋友笑了："如果你养金鱼，不是每天都要给金鱼换水才行吗？"朋友帮助他打开窗户，让阳光照射进来，他看到窗外已经是鸟语花香，不由得惊呼："我从来不知道我窗户外面的景色这么美丽啊！"对于这个人而言，他已经关闭门窗太久了，久得他都不知道季节的更迭交替，更从来没有看过窗户外面的美丽景色。

每个人都像鱼儿需要新鲜的水一样，需要在阳光下照射，才能感受到阳光雨露的滋养，才能富有生机和活力。否则，如果总是在阴暗中成长，时间久了，人不但行动范围变得越来越小，内心也会充满阴郁，变得郁郁寡欢。不但被褥需要晒太阳，经历风的干燥，人的心情同样需要晒太阳，在风的干燥中渐渐具备合适的温度。

每个人都要打开心窗，也要把心窗擦拭得更加干净，才能看到外面的风景是那么美丽，也才能领略到四季的更迭给人世间带来的不同风景。总而言之，人生从来不是温暖如春的，每个人在人生之中都会看到不一样的风景，经历四时不同的季节。所谓春有百花冬有雪，每个不同的人生阶段都有独特的风景和精彩之处，当你有一颗善于发现的心，当你的心窗真正地敞开，你就会从生命之中获得更多的感悟，也会拥有更丰富的情绪感受。

尤其是当心情落落寡欢的时候，我们更要理性地对待自己的情绪，寻找合适的方法及时发泄不良情绪。这就像是给心灵除尘的过程，唯有保持心灵的窗户明亮干净，我们在生命之中看到的一切才是美好的、绚烂的，我们的人生也才会拥有更大的舞台和空间。

职场上，傻人更吃得开

现代职场上，没有任何人是傻子，而是一个比一个赛着更精明。人人都害怕自己吃亏，嘴上说着吃亏是福，实际上却恨不得自己处处占便宜，亏都让别人吃，这是为什么呢？老祖宗留下古训，告诫我们吃亏是福，却没有人愿意吃亏，而把吃亏当成是冤大头。尤其是在工作中，人人都善于计较，绝不愿意让自己吃任何亏。换个角度想一想，如果人人都不想吃亏，也拼命地为自己争取利益，那么亏都让谁吃呢？

工作中，很多人特别善于伪装，他们明明才疏学浅，却偏偏要装出一副高深莫测的样子，恨不得全世界的人都知道他是一个博学多才的人。与他们恰恰相反，真正有才华、有能力、水平高的人，反而很谦虚低调，尤其不喜欢在同事们面前表现出自己高人一等。他们知道，关键时刻展现能力才能起到好的效果，而如果平日里已经把牛皮都要吹破了，则只会在关键时刻让人失望。人在职场，并不说真的要傻，而是要懂得装傻的智慧，要擅长大智若愚的人生哲学。

装傻的人反应很迟钝，对于任何事情，他们都反应迟钝，从来不会认为自己多么聪明，或者期望别人都向着他们学习。他们总是虚心地求教，哪怕工作经验丰富，也保持谦虚低调。最终，他们看似迟钝的感觉让他们在职场上绝不随风妄动，绝不盲目模仿他人，从而也给自己争取到更多的生存机会和表现机会，最终大浪淘沙，成为留下来的金子。如今的职场上，已经不再盲目推崇"胜者为王"，而是真正奉行"剩者为王"。在各行各业里，剩下来的都是精英，都是佼佼者，都是真正富有智慧的人。

尤其是对于很多职场新人而言，更要学会装傻。职场新人不但有很多东西都需要学习，而且常常遭遇办公室里几股小势力的排挤。很多看似聪明的职场新人会借机加入各种小团体中，殊不知，这并非明智的选择。明智的选择是，要装傻充愣，绝不轻易加入任何小团体中，这样虽然表面看起来失去了靠山，实际上却让自己进退均可，也游刃有余。反而，一旦加入某个小团体，看起来有了依靠，而实际上"靠树树会倒，靠山山会跑"，只有端正自己的态度，坚定不移坚守自己的立场，才能为自己赢得一席之地。从这个角度而言，装傻是真正的智慧，是必须要坚持去做，也要用心做好的。

小慧和丹丹一起进入公司，她们在大学时期就是好姐妹、好同学，如今有缘进入同一家公司，自然关系也走得很近。和小慧相比，丹丹显得呆头呆脑的，所以当刚进入公司的小慧如数家珍地说起在公司里的很多见闻时，丹丹却不置可否，因为她根本不知道小慧说的是什么。为了尽快找到组织，小慧还主动向办公室里以主任为首的小团体靠拢。为此，小慧还劝说丹丹也尽快加入小团体，丹丹总是憨厚地笑一笑，不以为然。

半年时间过去，小慧俨然成为公司里的老人，而丹丹呢，却依然是一副新人的模样，谦虚地请教老人，也全力以赴做好自己该做的事情。渐渐地，丹丹在业务知识方面越来越扎实，而小慧虽然与办公室里的每个人都打得火热，在业务方面却没有任何进步。在公司淘汰人员的时候，小慧毫无悬念地遭到淘汰，而平日里谨言慎行、专注于工作的丹丹，反而得到了领导的嘉奖，获得了"最

优秀新人奖"。

　　不可否认，现代职场上各种关系的确错综复杂，变化多端，每个人都要牢牢地把握一个原则，那就是把工作做好。就像学生要以学习为本一样，职场人士也要以工作为本，这样才能有资本立足于职场。否则，就像事例中的小慧一样，虽然凭着嘴巴甜在职场上混得八面玲珑，与同事之间的关系也非常熟络，但是在要被淘汰的时候，没有同事愿意代替他们被淘汰，更不会给予他们任何实质性的支持。这是因为同事之间的关系很特殊，既是相互守望，也是相互竞争。在激烈竞争的关键时刻，同事们自身难保，还有什么心情继续去插科打诨，说些玩笑的话呢？

　　不得不说，职场的本质就是弱肉强食，就像在大自然里的动物要想生存，就必须拼命地战胜敌人，从而保全自己一样。职场还是一个生态圈，这个圈子里不同的人分为不同的层次，不同性格的人也有各自生存的艺术。我们不能控制别人采取怎样的策略生存，却要更加理性地对待自己，也要确定自己应该如何"真聪明"下去。

人生，不要局限在一场输赢里

人生是一场马拉松长跑，而不是一次百米冲刺的短跑。每个人在生命的历程中，固然要以点点滴滴的进步不断地激励自己，改变自己，同时也不要把一时的输赢看得太过重要。否则，当人生局限在一场输赢里，每个人又如何能有好的心态行走漫长的人生之路呢？

有人说，人生是一场没有归途的旅程。从本质上而言，人生更像是一场竞技。既然是竞技，当然离不开输赢的结果，然而，评价输赢的标准却不是唯一的，每个人面对输赢的姿态也是截然不同的。真正的强者面对一时的失败，不会一蹶不振，而是会努力地振奋精神，让自己从失败中汲取经验和教训，从头再来。而有些人的内心非常脆弱，面对人生的失败，他们马上会放弃，也因此而彻底否定自己，觉得自己根本不具备成功的潜质，或者认定自己不适合在残酷的现实中拼杀。不得不说，当一个人对于自己的评价如此之低，而且这么缺乏坚持的毅力，他也就会无缘成功。

很多时候，人们不是被失败打倒了，而是被自己的心打倒了。古今中外，大凡能够成功者，也许没有过人的天赋，却全都具备勤奋、绝不放弃的精神。例如爱迪生发明电灯，尝试了一千多种材料作为灯丝使用，进行了七千多次实验。在一次又一次失败的打击中，正是因为不放弃，他才能勇往直前，把整个世界

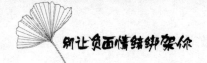

都带入光明之中。再如，中国古代的李时珍编撰《本草纲目》，也花费了漫长的时间，耗费了巨大的心力。可以说，没有人的成功是一蹴而就的，更没有人的成功是从天而降的。每个人都要最大限度激发出自身的潜能，不管在多么艰难的情况下都绝不轻易放弃，才能真正地敞开怀抱，迎接失败和成功的到来。

遗憾的是，偏偏有些人鼠目寸光，把一场输赢看得特别重要，尤其是在勾心斗角、尔虞我诈的职场上；还有人为了达到自己的目的，不惜以卑劣的手段中伤同事、陷害同事。不得不说，这样做人无底线的卑劣行径是为人所不齿，也让人唾弃的。做人，无论脑袋多么灵活，该坚持的原则绝对不能放弃，否则，人和动物又有什么区别呢？

一同进入公司的杰米和皮特都得到了一个机会，那就是针对一个难缠客户的要求做广告策划案，从而参加公司的海选。实际上，这样的重要项目原本是不需要新人出谋划策的，但是这个客户的要求很特别，所以领导才决定让新人也参与策划，一则可以给新人展示自己的机会，二则说不定新人的策划案就会被客户看中了呢！

对于这个机会，杰米非常重视，每天下班之后都会主动加班好几个小时，研究相关的资料，开拓自己的思路。整整一个星期过去，杰米才算有了初步设想。和杰米相比，皮特则显得轻松多了。他每天还是正常上下班，平时工作中有闲暇的时候，还会去和杰米聊聊天呢。一天，皮特对杰米说："杰米，你这么努力，可以把初稿给我看看，启发下我的思路吗？说不定看了你的初稿，我的脑子也会如同电光火石一般马上就有了灵感呢！"杰米有些迟疑，但是转念一想大家都是同事，而且皮特是光明正大要看他的初稿，为此他就没有拒绝，把初稿展示给了皮特。接下来的日子，一如往常，没过几天就到了展示设计方案的时候。杰米抽签的顺序靠后，为此他一直兴致勃勃听着其他同事讲解自己的方案，而内心激动不安，因为杰米觉得自己的方案非常好，很有可能被选中。

皮特在杰米前面演示。只见皮特气定神闲地走上台去，开始演示自己的设计方案。看到皮特的演示，杰米如同遭遇晴天霹雳：皮特的演示为何与我的一样呢？一瞬间，杰米就知道了原因。原来，皮特说是参考杰米的设计方案，实际上却是完全照抄，连改动都没有改动。杰米气得满脸通红，当听到领导点评皮特的设计方案很用心时，杰米忍不住站起来建议道："皮特，你的数据都很精确，请问可以和我们大家分享一下，你是从哪里总结出来这些数据的吗？"皮特结结巴巴说不出话来。这个时候，杰米说："得来这些数据的原始数据都在我这里，如果需要，你也不用客气，和我的设计方案一起拿去好了。这样万一到时候客户选中你，需要你阐述设计的理念和依据，你也不会为难。"听到杰米的话，在座的同事和领导都知道是怎么回事了。看到皮特为了一次小小的海选，就使用这么卑劣的手段，没过多久，领导就辞退了皮特。而杰米呢，他用心设计的方案尽管没被客户选中，却得到了领导的一致好评，从此之后也深得器重，职业生涯发展非常顺利。

如果皮特能够和杰米一样靠着自己的力量和智慧去完成设计方案，那么不管设计得好不好，都不至于丢掉工作，遭到大家的鄙视。人们鄙视的不是他的无能，而是他的卑劣手段和没有原则。人一定要诚实，不管什么时候，都不要企图通过不正当的手段去窃取别人的财富，或者别人的金点子、好创意。只有更加理性地对待失败，也在做好最坏打算的基础上，不遗余力去努力，才能更加积极地处理好各种事情，也赢得他人的认可和尊重。

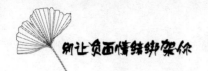

　　胜负输赢是正常的，每个人都要理性对待，而不要把一场输赢看得太重。常言道，十年树木，百年树人。每个人要想做事，先要学会做人，才能如同大树一样扎根结实，真正成为参天之材。

不当“老好人”，忠于自己的内心

　　细心的朋友们会发现，生活中有些“老好人”，不管是谁，只要说起他们，都会情不自禁竖起大拇指，对他们连声称赞。他们不但对于家人无怨无悔地付出，对待朋友也是真诚无私，就算在工作中对待同事，也总是倾尽全力去帮助。在很多人心目中，他们就是活雷锋，总是忘记小我，全心全意地帮助他人。还记得前段时间热播的《芳华》中的男主人公刘峰吗？在影片中，他正是活雷锋的角色，而原本他会有很好的前途，只是因为向心爱的女孩表白了心中的爱意，又加上女孩为了自保而故意诬陷他，导致他与此前无私忘我的形象形成剧烈反差，使他的人生轨迹突然发生转折。从此之后，他饱经磨难，艰难生存。在《芳华》中，刘峰尽管吃了很多苦，生活也不如意，但是他从未否定过自己，而是内心坦然，在磨砺中活下去，活出独属于自己的安然。

　　影片毕竟是影片，而且表现的是几十年前的事情。时代发展到今天，人心再也没有那么纯粹，很多人都因为物质欲望的刺激，而变得更加急功近利。在现代生活中，“老好人”尽管处处受到欢迎，实际上内心却是很苦闷的。他们一方面希望自己得到所有人的认可与赞赏，另一方面却因为不断地付出没有得到回报而感到苦闷。有心理学家对“老好人”的内心状态展开研究，发现很多“老好人”既不是神，也不是上帝，而是因为内心过于敏感。在工作和生活中，他们总是过

于看重他人的想法和看法，也因为他人随随便便的评价就感到如坐针毡。尤其是在职场上，"老好人"往往更加痛苦，如果说在生活中面对亲人和朋友他们还能相对自然，那么在关系复杂的职场上，面对上司与下属，面对同级的同事，他们哪怕拼尽全力也无法做到最好，更不可能让所有人满意。

从人际交往的角度而言，如果"老好人"平日里表现太好，始终扮演"活雷锋"的角色，那么周围的人渐渐地就会把他们的好当成理所当然，甚至不知不觉把他们想成完美无瑕的人。就像《芳华》中的刘峰，正是因为他始终表现出完美无瑕的好人形象，导致身边人都觉得他理所应当就是那个样子，甚至觉得他还应该是不食人间烟火的。如此剧烈的反差，使他被心爱的女孩诬陷为耍流氓时，不管是部队里的领导人，还是普通的战友，都完全无法理解他的行为，更不能理智冷静地认识到他也是一个有血有肉、青春萌动的年轻人。正是这样的剧烈反差，让刘峰的命运出现巨大的转折。当然，我们不能否认刘峰的本心就是善良美好的，然而如果内心不愿意这样委屈自己去求全所有人，就不要当"老好人"。尤其是作为现代人，更应该忠于自己的内心，才能活得从容洒脱。

初入公司时，小丁作为没有任何背景的年轻人，很珍惜来之不易的工作机会，因而从一进入公司就表现非常好，每天努力做完本职工作后，不管哪位同事有需要帮忙的事情，他都会主动帮忙。偶尔某个同事临近下班时有突发情况需要处理，求助于小丁，小丁也会二话不说马上挽起袖子去干。同事们感谢他时，他总是连连摆手，说："没关系，反正我是一人吃饱，全家不饿，也不着急回家。"渐渐地，小丁几乎成了办公室里的加班大王，因为那些拖家带口或者急着与女朋友约会的同事，都会主动在下班之前把处理不完的工作交给小丁。小丁成了办公室里最忙的人，得到帮助的同事从最初的真诚感谢，到后来都习惯了把小丁当成下班后工作的接班人。他们不知道的是，随着时间的流逝，小丁再也不是之前的单身汉了，在忙碌中，他不但谈了恋爱，还结了婚，如今孩子都好几个月了。

小丁也很痛苦，因为他不知道如何拒绝同事们，生怕自己这几年来积攒的好口碑会因为一次拒绝而烟消云散。每天因为帮忙而晚回家，妻子都会打电话催促他，毕竟妻子一个人带孩子真的太累了。一天下午，妻子早早打电话告诉小丁孩子发烧了，让小丁下班后赶紧回家带孩子去医院。然而，距离下班还有十分钟时，有个老同事把一摞文件放到小丁的办公桌上，以不容拒绝的语气说："小丁，帮我把这个文件做完吧，我家里来亲戚了。"小丁话到嘴边又没说，但是妻子的电话一个接一个，他只好把文件还给老同事："不好意思，张哥，我家孩子发烧了，我得着急回家带孩子去医院。"同事嘴上说着没事，脸上的表情却很难看，小丁只好装着没看见逃之夭夭。此后，曾经因为害怕得罪同事而不敢拒绝的"老好人"小丁陆陆续续拒绝了很多同事，可想而知他在办公室里的人缘一落千丈，最终只好辞职了。

帮助同事处理工作并不是每个员工的分内之事，也并不是理所当然的。然而，一旦这种事情变成常态，那些曾经对帮忙的人感激不尽的同事就会将其视为理所当然。事例中的小丁正是因为太敏感，才把一件乐于助人的好事做成了自己的分内之事，也因为姗姗来迟的拒绝而得罪了几乎所有的同事。

要想坦然面对人生，真实做回自己，首先要改变内心敏感的状态，不要因为害怕被别人否定或者批评，就一味地取悦他人，否定自己内心的感受。对于每个人而言，最重要的是自信，往往自卑者是最敏感的，而自信的人往往能坦然面对人生的境遇，也能接受他人的评价，从而避免盲目改变自己。不可否认的是，在生活中，每个人的确要照顾身边的亲人和朋友，在工作中，每个人也要尽量与同

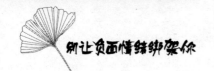

事建立良好的关系，和谐相处。然而，一切的示好行为都是有限度的，也都要建立在尊重本心的基础上。试想，一个人如果连自己都做不好，又能做好什么事情呢？最重要的是不卑不亢做自己，以实力和价值为自己代言，而不要只想凭着无可挑剔的态度去赢得他人的认可和赞赏。

记住，一味地讨好他人非但无法得到他人的认可和赞赏，而且还会丢弃做人最宝贵的尊严。任何时候，都不要忘记做人的原则，更不要以牺牲本心的代价去迎合他人。当你一味地委曲求全，那么你在他人心中就会成为一个没有自我、只会卑躬屈膝的人，毫无疑问这样的人根本不会赢得他人的尊重和认可。

在现实之中存在很多不平等的关系，每个人都要坚守自己的原则，才能让自己以独立人的姿态傲然屹立于世。人与人相处，每个人都有一颗敏锐的心，一个人的言行举止如果不是发自内心，就会招致他人的反感。与其浪费宝贵的时间和精力去做出力不讨好的事情，不如努力提升和完善自我，让自己凭着实力赢得他人的尊重，也凭着价值为自己赢得合理的人生位置。

八

爱情只有软磨，才能让百炼钢成为绕指柔

在恋爱进行之初，爱人间相看两欢喜，哪怕是对于对方的缺点，也是看在眼睛里，喜欢在心里。然而随着爱情的不断推进，爱情变得越来越琐碎，也从天上掉落人间。要想维持爱情，就不能只靠着莽夫之勇，而要靠着软磨硬泡，才能最大限度地把百炼钢化成绕指柔，也让爱情保持最适宜的温度。

爱情无法等价，把抱怨变成感恩

人世间，也许有很多东西都可以用天平来衡量，唯独对于爱情，是没有办法通过价值的均衡来实现对等的。相爱的人如同飞蛾扑火，从来不计较自己的付出和得失，对于所爱的人，他们恨不得用尽生命去爱。还有的人呢，与此恰恰相反，他们在爱情之中只知道索取，而从来不愿意主动付出。当然，哪怕他们是自私的，只要有人愿意在爱情中骄纵着他们，也是可以与他们和平共处，保持亲密感情的。总之，爱情只要是两相情愿，作为旁观者，根本没有资格也没有权利评价爱情。真正明智的人，不会为了自己在爱中的付出就斤斤计较，也不会在爱情中始终抱怨，却从来不知道感恩。

一个人如果真的爱另外一个人，就不会因为自己在爱情中的付出而始终心怀芥蒂。他们把对方的幸福视为自己的幸福，他们既然懂得珍惜，也能够学会放手。他们一旦付出了，就不会抱怨，而是对于爱情无怨无悔。他们也许会羡慕其他情侣的亲密无间和感情深厚，却不会把其他情侣的相处模式套用到自己身上。实际上，在爱情中，与其抱怨让爱情渐渐地失去活力，不如以感恩之心代替抱怨，更多地想象自己从所爱的人那里获得了多少幸福快乐，也在爱人的过程中感受到多少次的满足。爱，本身就是一种收获，一个人之所以爱另一个人，正是为了满足自己内心的需要。

刚上大二，小薇就开始追求同班男生杜伟，并且在经过半个学期的"死缠烂打"后，终于赢得了杜伟的心。小薇就这样幸福地开始了与杜伟的恋爱，两人成为全班同学人人羡慕的金童玉女。然而，在大学毕业时，杜伟却瞒着小薇选择出国留学，为了自己的前途，他不顾一切地奔向远方，甚至不惜放弃爱情。

几年过去，在同学聚会上，功成名就的杜伟回来了。在此期间，他为了拿到美国的绿卡，还与一名美国籍女孩结了婚，又很快离了婚。他想回到小薇的身边，他想弥补曾经的不辞而别给小薇带来的巨大痛苦，小薇却说："我并不恨你，反而还很感激你。与你谈恋爱，是我主动追求你的，没有人逼着我和你在一起，也是我心甘情愿要和你在一起的。既然如此，我还有什么可以抱怨的呢？我感激你让我在最美的年纪里享受爱情，也感激你让我有了不一样的青春岁月。"就这样，小薇淡然离开杜伟，也拒绝了杜伟对自己的再次追求。

小薇说得很对，爱情是你情我愿的事情，当爱不在了，分开也就成为必然。现实生活中，很多女孩一旦遭遇男生的分手会痛不欲生，也会对男生憎恨不已。殊不知，没有人能强迫你去爱任何人，既然心甘情愿地爱了，就不要抱怨，更不要懊悔。爱情之中，也许有一方会付出更多一点，但是并不能用价值去衡量，因为那个更愿意灼热去爱的人，实际上是为了满足自己的心愿，是为了满足自己更用心更强烈去爱的心理需求。

当爱不在了，还能变成朋友，这样曾经的恋人之间才是真正放得开，也完全放得下了。任何时候，都不要因为爱情的迷失而与所爱的人变成仇人，否则就会导致一切都陷入困顿之中。不爱，学会放手，才能真正地放下自己，也才能让自己更加理性地面对未来。有人说，爱情是人生的调味剂，有人说爱情是不可或缺

的阳光、空气和水，也有人认为爱情是奢侈品，还有人说爱情是生活的点缀。无论一个人把爱情摆在人生中的什么位置，爱情都给他带来了最幸福的感受和最美好的回忆。爱情，不应该一转身就走丢了，而应该是赠人玫瑰，手有余香，哪怕有一点点微小的香气，也能赋予人生无穷的力量。爱能创造奇迹，爱也是扭转命运的有力臂膀。任何时候，都不要小看爱情，更不要因为失望等复杂的情绪就对爱情失去希望。在一次又一次与爱情的融合中，每个人才能真正理解爱情的真谛，也真正拥有生命的意义。

欣赏爱人的缺点

　　爱情是在云端之上的，尤其是初恋，总是高高在上，不食人间烟火，宛若在仙宫美境。然而，爱情一旦不断地深入，落入婚姻，就会变成柴米油盐酱醋茶的琐碎，就会落到地面上来，深入人间的角落里，感受人间的烟火气息。当相爱的两个人从距离遥远，到彼此亲密无间，他们之间的交往会越来越密切，对于彼此的了解也会更加深入，随之而来的是相处变得琐碎，甚至根本无从逃避。

　　几乎在所有的两性关系中都要面对类似的难题，即你因为一个人的优点而爱上他，却因为他的缺点而进退两难，甚至根本不知道如何与他相处。看起来，这是个不可调和的矛盾，实际上，只要以包容为原则，就可以接纳对方的缺点，也可以做到绝不指责对方的不足。遗憾的是，现实的感情中，太多的人既不好意思赞美对方的优点，又总是因为直肠子而指责对方的缺点，可想而知，长此以往，彼此的感情将会面临多么严重的状况，也必然进入危机时期。不可否认，爱情的保鲜期是非常短暂的，热恋中的情侣把对方看得非常完美，而一旦过了热恋时期，他们又会看到对方身上所有的缺点。这样的两个极端，让相爱的人从对于对方的狂热崇拜与喜爱，到对对方的厌倦和嫌弃，可想而知在这样的情况下想继续维持爱情有多么难。

　　懂得爱情真谛的人知道，金无足赤，人无完人，每个人都要包容和接纳爱人

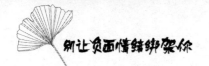

的缺点，才能经营好与爱人的感情，也才能赢得爱人的感情。否则，爱情就会陷入困境。众所周知，两情相悦的爱情是美好的，而相看两厌的感情无论如何也不能长久。爱的真谛就是尊重、理解、包容和欣赏。曾经有位记者采访一对走过漫长岁月的夫妻，问他们是如何在人生中携手，走过大半个世纪的，妻子的回答让人很吃惊，她并没有说出什么关于爱情的豪言壮语，而是告诉大家"爱是恒久的忍耐"。原来，爱情并非始终都是相看两不厌，而很有可能是相看两厌，只有包容、理解、欣赏对方，努力发现对方的好，这样才能在爱情中不断地成长，用心地维护好爱情。

恋爱的时候，静静觉得阿磊性格稳重，能够给她安全感。然而，一旦结了婚，静静才发现阿磊就是一个不折不扣的慢性子，不管做什么事情都非常磨蹭。为此，静静不止一次地因为催促阿磊而和阿磊吵架。阿磊总是不以为然地说："我就是这样的性格，你怎么早没发现呢？又没有火烧眉毛的事情，着急干什么？"

渐渐地，静静也失去改造阿磊的信心了。她任由阿磊这么慢下去，绝不催促阿磊。有的时候实在等得着急了，她宁愿自顾自地去做事情，也不愿意把自己和阿磊捆绑在一起。这样相安无事地过了几年，孩子出生之后，静静又因为阿磊的慢性子而抓狂，并且在妈妈面前抱怨，甚至产生了离婚的想法。这是因为静静看到阿磊这样的慢性子，导致他在工作上也没有任何进步，前途堪忧。对此，妈妈劝说静静："你啊，从小就是个急脾气。你就庆幸自己找了阿磊吧，不然如果你也找一个火暴脾气的，你们不知道一天到晚要吵架多少次呢！"听到妈妈的话，静静用心想一想，觉得妈妈说得很有道理。的确，如果真的找了一个火暴脾气的，和静静的脾气一样，那么真有可能一天之中不停地吵架，导致家里鸡飞狗跳，不得安生。

有人认为夫妻之间应该性格互补，有人认为夫妻之间应该性格相似。实际上，相似有相似的好处，互补有互补的好处，两者也都有坏处。性格相似的夫妻也许做事情更合拍，但是因为彼此的性格差不多，所以也会导致在很多事情上起冲突。性格互补的夫妻看似不合拍，却因为能够彼此包容，而在对待很多事情的时候都能取长补短，相互中和。在这种情况下，相似和互补各有优劣势，是每一对爱人不同的选择。

任何时候，都要怀着欣赏的眼光看待爱人，这是因为爱人的尊重、理解、包容和欣赏，能够给对方极大的信心。尤其是女性对于男性，更要欣赏和尊重。这是因为男性都是非常爱面子、自尊心强烈的。如果女性对于男性始终不耐烦，又总是说起男性的缺点和不足，表现出对男性的鄙视和不满，则男性就会信心全无，也根本无法振奋信心，在生命中崛起。

记住，爱情和婚姻的真谛，都是理解和包容对方，都是给予对方更多的尊重，也是把爱情与婚姻当成自己生命中最重要的存在去对待。也许有些朋友会说：我管不住自己的嘴巴，总是想抱怨和指责怎么办？其实，问题的关键不在于你的嘴巴，而在于你的心。在这种情况下，你首先要调整自己的心态，扭转自己的态度，才能由内而外真正尊重和欣赏爱人。当爱情和婚姻中充满着积极的认可与欣赏时，就一定会收获幸福和美好。

温柔才是婚姻中的撒手锏

常言道，百炼钢化成绕指柔。在婚姻之中，也许每个人都有自己的武器，而实际上温柔才是真正的撒手锏，是能够帮助人们收获爱情，获得幸福婚姻的秘籍。不过不管是从生理还是心理的角度而言，女性的力量都没有男性强大。又有人说，男人靠力量征服世界，而女人则靠征服男人征服世界。那么，女人要如何征服男人呢？只有愚蠢的女人才会与男人搏击力量，明智的女人会以温柔作为自己的强大武器，从而真正收获男人的心和爱，也让男人沉浸在温柔陷阱里无法自拔。

在爱情中，温柔是浓郁的花香，让人沉醉其中无法自拔；温柔是一种看似无形实则强大的力量，能够真正俘获男人的心；温柔也是一个陷阱，即使男人是强大的野兽，一旦掉入温柔的陷阱，也根本无法挣脱；温柔还是爱情甜蜜的保证，能把很多矛盾消散于无形，也能用很多缓和的办法协调好与爱人之间的关系……总而言之，温柔是婚姻中的灵丹妙药，能够医治爱情中的各种病痛，消除爱情中的各种矛盾，也让相爱的人从离心离德到一心一意，不得不说温柔是非常神奇的，也是能够帮助爱情创造奇迹的。相爱的人如果懂得运用温柔的力量，就会让爱情蜜里调油，变得更加融合。

很多女性朋友误以为只有美貌才是爱情中的通行证，其实不然。美貌固然重要，也是人人都趋之若鹜的，但是美貌的人不一定温柔，而温柔的人在所爱的人眼睛里，一定是非常美丽的。如果女性能够做到兼具美丽与温柔，则一定可以彻底征服爱人的心，也获得爱人全心全意的爱。当然，温柔并非只是女性的专利，作为男性，同样需要温柔。也许有的女性崇尚力量，希望自己能够找到一个力量型的男朋友，而实际上，女性想找的是一个需要的时候有力量，必要的时候也能温柔的双面男友，这样才能满足她们心中对于爱情所有的渴望和幻想。

一直以来，乔娜都觉得心有不甘，因为她并不是真心喜欢丈夫张坤的，而是因为被前任男友劈腿，也因为年纪大了，才在父母的催促声中，决定与媒人介绍的张坤恋爱、结婚。她常常说自己似乎稀里糊涂就进入了婚姻，而且完全是为了父母的需要才仓促地结婚。在心不甘情不愿的状态下，乔娜对于婚姻就多了几分委屈和心不在焉。对于乔娜的状态，张坤看在眼里，却什么都不说。

张坤是个特别温柔的男生，脾气稳重，待人和善，尤其是对待乔娜，更像是对待自己的女儿一样温柔细心。张坤负责家里的所有家务活，每到冬天，因为没有暖气，被窝里非常凉，张坤还总是先进被窝，把乔娜那一边焐热，再来焐自己这一边。因为乔娜不喜欢吃辣，一直视辣如命的张坤居然改掉了吃辣椒的习惯，炒菜的时候从来不放辣椒，而只为自己准备了一小碗辣椒蘸水，偶尔解解馋。在日复一日的相处中，乔娜发现自己虽然对张坤爱不起来，却也渐渐地习惯了张坤的照顾。每当张坤出差的日子，一个人蜷缩在冰冷的被窝里，乔娜居然情不自禁地开始思念张坤。

没过多久，乔娜的前任男友回来了。当看到自己曾经爱得死去活来的男人出现在面前时，乔娜不由得心剧烈地跳动起来，甚至忍不住自己的冲动，想要跟着这个男人私奔到天涯海角。趁着张坤不在家，乔娜和前任男友频繁地约会，但是在约会的时候，乔娜吃着高档饭店里并不可口的饭菜，总是忍不住想起张坤为她

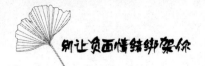

亲手做的饭菜。最终，乔娜拒绝了前任男友的追求，决定就像什么都没有发生一样，继续和张坤在一起过幸福温暖的生活。

温柔有强大的力量，事例中的张坤正是因为温柔，才紧紧地抓住了乔娜的心，也才成功地征服了乔娜，让乔娜在面对曾经痛苦失去的前男友时，也无法舍弃张坤的温柔和用心。也可以说，张坤用温柔挽救了自己的家庭。

对于温柔，很多人的理解都比较狭隘，觉得女性温柔就是要说话像蚊子哼哼，男性温柔就要说话低沉有磁性。实际上，不管是女性还是男性，温柔都还有很多其他的表现形式。例如，女性的贤惠识大体，男性能够为家人支撑起一片天地，都是温柔的表现。在爱情之中，既然不能以对等的价值去衡量，每个人就都要更加全心全意地去爱，去投入，去付出，也以最好的方式给予爱人回应。

学会放手，让往事随风

当爱情不在了，是一味地纠缠，还是学会放手，给予自己更辽阔的未来呢？也许在回答这个问题的时候，很多人都能给出理智的答案，然而当真正要去做的时候，却发现理想和现实根本不是一码事。现实生活中，大多数人在错失爱情的时候，总是痛哭流涕，恨不得第一时间就能把爱情挽回。殊不知，爱情并不像其他的感情，是可以挽回的。爱情从来掺不得假，爱就是爱，不爱就是不爱，也不能伪装分毫。

当爱情不再了，一味地强求只会导致感情陷入空虚之中，无法自拔。时间是最好的良药，能够治愈心灵的一切创伤，最重要的是当事人要摆正心态，不要让自己总是沉浸在悲痛的感情之中无法排解。最重要的在于，要理性地对待爱情的流逝，也要学会放手，让往事渐渐地随风远去。

放手，除了要在爱情消散的时候学会对曾经的爱人放手，也要在爱情还在的时候，学会对爱人的过去放手。曾经有人说，真正成熟的人从来不会询问爱人的过去，更不会对爱人的过去寻根究底，因为他们知道自己爱上的就是眼前的这个人，也知道自己没有权利干涉爱人的过去。谁还没有过去呢？一个人如果因为爱人的过去，就对爱人另眼相待，那么他是不值得拥有爱情的。因为一个不能接纳爱人过去的人，也没有资格参与爱人的现在，更没有资格与爱人一起期望未来。

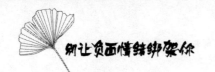

每个人都要活在最好的当下，才能把握住此时此刻的美好，尤其是在爱情中，唯有活在当下，才能与所爱的人一起尽情地享受现在。

在爱情之中，一定不要自私，眼睛里揉不得沙子的人，既不能接纳爱人的过去，在与爱人相处的过程中，也会因为对爱人过于挑剔和苛责，而陷入相处的困境，无法自拔。当然，有些人对爱人的过去耿耿于怀，则是因为对爱人缺乏信任，担心爱人与前任死灰复燃，或者对自己不专一，却不知道这样把爱人看得死死的，不但无法使爱人对自己全心全意和真心真意，也会导致自己总是患得患失，陷入焦虑。

在朋友的介绍下，晓雪认识了现任男朋友车臣。车臣是个很深沉的男孩，对于自己的过去绝口不提，而晓雪则在与车臣认识不久，就主动向车臣坦白了自己的恋爱史。后来，晓雪一直追问车臣的过去，对此，车臣总是很抗拒，也常常情不自禁地回避。渐渐地，车臣开始故意躲避晓雪，他们之间的感情也出现了很大的问题。

后来，在朋友的劝说下，晓雪才决定对于车臣的过去既往不咎。车臣好不容易放下心来与晓雪交往，又发现晓雪对他盯得特别紧。每当车臣要与朋友在一起聚会时，晓雪总是要求同去，即使不去，也让车臣定时用手机发定位，汇报行踪。车臣实在不堪忍受晓雪如同审讯犯人一样审问他，只好提出分手。没想到，一石激起千层浪，晓雪马上开始四处游走，号召她与车臣共同认识的每一个人劝说车臣。最终，车臣气愤不已，坚决和晓雪分手了。

在这个事例中，晓雪无疑是个放不下的人。她在恋爱之初放不下车臣的过去，在恋爱过程中死死盯着车臣的行踪，又在恋爱即将结束时不愿意对车臣放手。不得不说，晓雪的爱情完全走偏了，她不知道爱情是强求不来的，也是掺不得假的。为此，她才对爱情始终牢牢抓住，绝不放手。殊不知，爱情就像流沙，越是紧紧地握在手里，越是不断地流逝，直到烟消云散。真正理智的人，对于爱情会采取适度的态度，既不把爱情抓得太紧，也不会对爱情漫不经心。适度地把握爱情，才会使爱情以最好的姿态呈现，绚烂绽放。

在爱情之中，理智的人不会纠缠于爱人的过去，他们相信自己的爱人，所以更愿意和爱人携手创造美好的将来。如今，很多娱乐圈的男性都选择了与二婚的女人结婚，不得不说，他们是真正领悟了爱情的真谛，也可以做到完全心无芥蒂的。例如，最近的屏幕男神靳东，他的妻子李佳就是二婚，但是靳东对于李佳非常疼爱，把李佳宠爱得如同公主一般。靳东从来没有绯闻，对于家庭绝对忠诚，是无数女人心目中的男神。每一个男人都应该以靳东为榜样，对于爱人的过去绝不追问，而是致力于与爱人共同创造美好的未来和幸福的生活。

聪明的人善用爱的钝感力

恋爱中的人犹如聪敏的兔子一样，总是非常敏感机智，对于爱情中的任何风吹草动，他们都会第一时间做出反应。当然，这种快速机智的反应是好的，可以帮助人们更准确地把握爱情，也不会错过爱人任何的感受和情绪状态。但是在某些情况下，爱并不需要这么敏感，反而是需要迟钝一些的。例如当爱人的某句话说得你心中怦然一动的时候，如果那句话是好话，你可以追问意思，如果那话是不好的话，那么你就要更理性地想一想：是直截了当问出来好，还是假装糊涂或者假装没有听到这句话更好呢？问了，事情就失去回旋的余地；不问，也许误解好久，等到真相大白的时候，误解才会烟消云散。

有的时候，不只是一句话，当爱人有微小的异样时，我们也不要如同惊弓之鸟一样总是揪着爱人不放，恨不得让爱人第一时间就把问题交代得清清楚楚。我们必须记住，婚姻不是法庭，在婚姻之中，每个人都无须接受法官的制裁。还有人说，家是讲情的地方，不是讲理的地方。总而言之，关于爱情的很多事情并非三言两语就能说清楚的。既然爱是说不清道不明的，相爱的人就要给予对方更多的包容，也用爱作为黏合剂，与对方更加亲密无间地相处。

爱情真的很神奇，会让原本不懂得为他人着想的人，一下子变得最喜欢照顾人；会让原本的马大哈，突然之间变得心细如发，还完全够格承担起侦探的工作；

会让弱小的人瞬间变得强大起来，成为人生真正的强者……总而言之，爱情能够创造很多奇迹，也能够把很多糟糕的情况变好。但是，凡事皆有度，过犹不及。适度敏感是好的，如果对于爱过分敏感了，就会导致内心建立顽强的心理防御机制，就会把对方完全地当成"阶级敌人"对待。如此一来，爱情还怎么能够起到积极的作用，顺利地发展下去呢？

要想在爱情中变得坚定勇敢，就要坚定不移地相信自己。唯有让自己真正强大起来，不像攀援的凌霄花，而是以树的形象与所爱的人比肩而立，才能在爱情中建立自己的地位，赢得尊重和荣誉。在爱情中，既不要自轻自贱，也不要盛气凌人，因为不管是卑微还是骄傲，都不是对爱情的最好姿态。很多爱人也许能比肩而立超越爱情中的困难和阻碍，但是却经不起琐碎的相处，最终导致爱情烟消云散。这就是爱情的悲哀，也是爱情最考验人的地方。明智的朋友们，为爱情营造一方模糊的地带吧，你会发现当爱情多了栖息地，会变得从容和自信。

周一的早晨总是忙碌的，张总正在给下属们开会，张太太就突然闯入会议室，对着张总大喊大叫："为什么不接电话？你微信里是与哪个小妖精的照片，我来找找！"说完，张太太就对着会议室里的女性们挨个看去。当发现张总照片里的女性就在不远处坐着，她更是如同老鹰捉小鸡一样对着那个女性冲过去，恨不得马上把那个女性撕成碎片。

那个女性不是别人，正是张总的秘书刘欣欣。看到张太太歇斯底里的样子，刘欣欣吓得夺门而出，张总赶紧把张太太拉扯出会议室，这场风波导致原本的周一例会也无法进行下去。张总觉得很丢人，却先得想办法安抚太太的情绪。然而，这样的事情已经不止一次了，张总无法容忍相同的情况继续发生。原来，张太太所说的照片，其实是张总与文秘工作时候的合影，照片里还有客户呢，只不过因

为张总与文秘挨在一起站立，所以张太太就打翻了醋坛子。平日里，张太太的猜忌也没少给张总惹麻烦，例如，张总正在陪着客户吃饭喝酒呢，张太太一个电话打来："赶紧给我发定位，不然我就挨家酒店去找，看你丢人不丢人！"当张太太最后一次提出这样的无理要求时，张总说："好吧，你爱丢人就丢人，我的脸反正已经被丢尽了，我也不怕。而且，回家就签离婚协议，我不想继续与你过了。"张太太一下子从嚣张跋扈的斗鸡，变成了蔫头耷脑的瘟鸡，她想不明白当年靠着自己的父亲才成功当上老总的丈夫，为何如今却不顾前途，胆敢说出这样的话来呢？！她不知道的是，兔子急了还咬人呢，狗急了是一定会跳墙的。

经过旷日持久的离婚官司，张总终于成功地摆脱了如同母老虎一样的妻子，背后再也没有眼睛盯着了，他觉得浑身轻松。而离婚后的张太太整日以泪洗面，她十分懊悔自己的嚣张跋扈，但是却为时晚矣。

从张太太的亲身经历中，我们不难看出在爱情中拥有钝感力，是多么重要啊！两个人如果都非常聪明机智，则在爱情中未必能相处得来，因为爱情不是聪明者的游戏。过于敏感的心，在爱情中遭遇任何风吹草动，都会马上开始猜疑。因而一个过于敏感的人很难得到幸福，而只会在无端的猜忌和过分的纠缠中，失去对爱情最美好的感受。与他们恰恰相反，对于爱情拥有钝感力的人则能够赢得幸福，因为他们始终以迟钝的感觉包容爱人的小小异常，也因为开阔的心胸而给予爱人更多的包容和自由的空间。

当然，所谓钝感力，并非指迟钝。迟钝是感觉不灵敏，而爱情中的钝感力指的是抛弃无端的猜忌，更加理性地对待爱人、包容爱人，也绝不因为爱人任何风吹草动就马上歇斯底里。有很多夫妻都保留着各自的私人空间，是因为他们知道在爱情中唯有彼此独立，才能更好地相处，才能给予爱情更大的生存空间。钝感力就像是爱情的保护伞，能够让相爱的两个人彼此包容，不会因为琐事相互折磨和猜忌，这样他们才能在爱情之中始终保持爱的能力和爱的力量。刺猬之间依偎着取暖的时候，离得太近，会被对方身上的刺扎伤，离得太远，又会感觉寒冷。最终，他们会选择一个合适的距离，既能相互取暖，也能彼此安全相处。这不就像是爱人之间的相处方式吗？既要靠近彼此，相互取暖，又要给对方留下合适的空间，让对方保持个性，避免互相伤害。

别让婚姻一地鸡毛

爱情刚刚开始的时候，总是充满浪漫的气息。如同悬浮在云端上，让人云里雾里。所谓雾里看花，就是恋人被爱情的迷雾遮挡了眼睛，他们看到的只是恋人的优点，而对恋人的缺点却视而不见。等到爱情沉淀下来，走下圣殿，他们就会对于爱情有更理性的认知。尤其是步入婚姻后的柴米油盐，他们才更觉得生活琐碎，才是生活的本质。

两个完全陌生的人彼此之间产生情愫，又在经历了浪漫美好的爱情之后，回到现实而又琐碎的婚姻之中。突如其来的生活，充斥着衣食住行，充斥着柴米油盐，还有时不时发生的争吵，以及各种唠叨，当然会让人感到无奈，甚至是绝望。也许新婚不久的被窝里还有缠绵的温度呢，相爱的人就已经开始怒目而视，或许还会想到离婚了。在这样的情况下，一地鸡毛的婚姻让人简直无法忍受，生活的现实和残酷终将把爱情的浪漫消耗殆尽。

不得不说，爱情的保鲜期是很短暂的，相爱的人无法仅靠爱情度过漫长的一生，感情也是非常脆弱的，尤其是夫妻之间的感情偶尔还会不堪一击。很多夫妻不停地争吵，到后来才发现导致他们争吵的并不是什么了不起的大事或者是不能让步的原则性问题，而只是看起来无关紧要的琐碎事情。有些夫妻，甚至为了挤牙膏到底是从顶部开始挤还是从根部开始挤，也能闹到离婚。还有些夫妻，则为了炒菜的时候放不放辣椒而反目成仇。婚姻中无数琐碎的事情，就像是针尖一样刺痛在每个人的心上，让人如同热锅上的蚂蚁一样在婚姻中无法收获安宁与幸福。

嫁给张强之后，娇娇的抱怨就没有停止过。原来，张强是家里的老二，结婚的时候，娇娇觉得张强人好，甚至说服妈妈不要张口要彩礼。妈妈尊重娇娇的意思，就这样心甘情愿地把女儿嫁给了一穷二白的张强。

张强与娇娇的婚礼是在婆婆家里举办的，婚礼第二天，婆婆也觉得白白地得到这么个好媳妇有些愧疚，因而允诺将来娇娇要是买房，家里无论多少都给添置一些。然而，等到了买房的日子，婆婆却把自己说过的话完全抛之脑后了。后来，娇娇有了孩子，因为没人帮忙带孩子，只能辞职在家。从始至终，婆婆一直帮着大儿子带孩子，连提都没提过要给小儿子家里带孩子的事情。就这样，娇娇对于婆婆的积怨越来越深，她总是在张强面前抱怨："没见过你妈这么偏心眼的，人家两个孩子怎么着也能平衡一下，你妈可倒好，一碗水全部都泼到你哥哥那边去了。看着咱们累死累活带着孩子去要饭，她也心不惊肉不跳。看着你哥哥换份工作，她都会唉声叹气，愁眉不展。"一开始，娇娇说的时候，张强还不作声，也知道妈妈的确是有些偏心。后来，娇娇再说的时候，张强就感到厌烦，偶尔还会和娇娇吵架。

直到孩子三岁，娇娇还是想起来就会抱怨，张强实在忍无可忍，干脆说："如果你实在觉得心里不平衡，你可以去找个有婆婆给带孩子的。我家情况就这样了，我妈偏心眼也成为定局了。你要是实在气不过，也可以回老家去质问她，而不要总是这样气鼓鼓的，搅和得自己的日子没法过。你这个问题再不翻篇，我也不想这么过下去了。"听到张强说出来的这番话，娇娇才意识到问题的严重性，当即

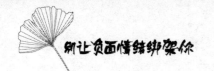
闭上嘴巴，从此之后再也没有提过关于婆婆的任何事情。

张强说得很对，一味地抱怨，甚至抱怨了几年，对于解决问题根本没有任何益处，反而把好好的日子也搅和得没法过了，娇娇这又是何苦呢？不得不说，有老人带孩子固然有好处，但也有很多烦恼，而三口之家的生活虽然紧张忙碌了些，但是三口人在一起感情更亲昵，也因为一起度过艰难的时光，夫妻感情也会不断加深，可谓好处多多。重点在于，娇娇必须平衡好自己的内心，才能彻底忘记对婆婆的不满，专心致志过好属于自己的生活。

夫妻之间吵吵闹闹原本是正常的，但是如果总是纠结于某件事情而不停地抱怨或者争吵，则是得不偿失的。在琐碎的婚姻生活中，偶尔响起几重奏也是很正常的现象，还可以作为枯燥生活的调剂呢。但是，不管作为婚姻生活的哪一方，一定要学会平衡自己的内心，从而才能宽容地对待自己和爱人，也让婚姻生活中的大事化小，小事化了，充满幸福和满足。否则，如果在婚姻之中总是斤斤计较，把你的和我的拎得很清，就会导致婚姻陷入困境，也变得一地鸡毛，无法收场。很多事情都是可大可小的，重要的是在于我们要把事情放在更大的背景之下，以开阔的心胸去容纳形形色色的琐事。记住，幸福是来自心底的感受，唯有让心积极友善，你才能感受到婚姻的温度。

无谓的比较，会伤害"他"的自尊

大多数女人都有一个通病，即老公总是别人的好。如果说很多男人也觉得老婆总是别人的好是出于一种直觉，例如觉得别人的老婆更漂亮、更温柔，而女人总觉得别人的老公好则是出于一种理性的思考，例如觉得别人的老公更能干、更有钱、官职更高等。有多少男人在被老婆唠叨不如隔壁老王的时候，感到自尊心支离破碎呢？遗憾的是，女人自己却没有意识到无谓的比较给男人带来的伤害，而常常觉得自己正在以比较的方式激励男人更加努力向上，积极奋发。殊不知，这样的比较一旦伤害了男人的自尊，让男人破罐子破摔，男人就会彻底地放逐自我，或者放弃努力，或者放弃继续接受妻子的唠叨，转而寻找精神上的安慰。当男人从妻子那里得不到精神满足，出轨的概率就会大大增加。

女人都是敏感的，而且特别喜欢炫耀。她们总是情不自禁地把自己的老公拿去和别人的老公进行比较，找到优越感就会沾沾自喜，如果被别人比下去，就会马上歇斯底里，对于自己的老公也就更加不满。最重要的是，女人还往往没有心机，从来不会把对老公的不满隐藏在心里，从而顾全大局。相反，她们不管有怎样的感触都要说出来，而且还不止一次地反复唠叨。可想而知，有这样的一个妻子，男人还去哪里寻找自信和在婚姻中的安全感呢？作为女人，一定要看到自己老公的优点，这样才能让自己获得心理上的满足和平衡。否则，一味地抱怨非但

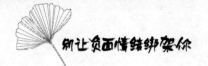

无法改变现状，让老公变得更优秀，反而会使得事情的发展更加糟糕。

在开始比较的时候，往往已经发现了丈夫很多的缺点和不足。唯有在没有比较的婚姻中，女人才能以欣赏的眼光看待自己的爱人，也才能发现爱人身上的闪光点，从而彼此拥有幸福美满的婚姻。

近来，老张单位正在评选先进。对于老张的前途，作为妻子的雪华是非常在乎的。因为自从得知单位里要评选先进，雪华就一直在撺掇老张积极参加，也提早准备好各种资料。对此，老张却不是很热心，他是科研工作者，一直觉得科研成就才是最重要的，而不是所谓的虚名。

一天午饭时，雪华又说起评选先进的事情，还不停地催促老张，把老张给催急了，与雪华争吵起来。雪华一时生气，口不择言说道："你也不看看你都多大岁数了。人家小赵才来到研究所几年，比你还小一大截呢，去年就评上先进了。我的老脸都被你丢尽了。"雪华的话让向来好脾气的老张突然间大发雷霆："你这么欣赏小赵，刚好他离婚了，要不你收拾好铺盖卷，去小赵家过吧！"雪华气得眼泪吧嗒吧嗒直掉，去了姐姐家里。

听完雪华讲述吵架的经过后，姐姐忍不住批评雪华："雪华，不是我说你，老张脾气够好的了，才能容忍你一天到晚地唠叨。你就知足吧，这要是换了你姐夫，早就不知道吵架多少次了。但是，你这次触犯了他的底线，所以才会让他这么勃然大怒。你明知道他看不上小赵拍马溜须，为何还要拿他与小赵比较啊，你这不是往枪口上撞吗？我告诉你，所有男人都爱面子，一定不要把男人与其他男人做比较，尤其是在批评他的时候。否则，男人可能被怒火中烧，会完全变成另外一个人呢！"姐姐的话让雪华陷入沉思：的确，老张很少发脾气，也的确看不上小赵，所以才会这么生气的吧！意识到自己的错误，雪华也不等着老张来接自己回家了，赶紧乖乖回家给老张做晚饭去了。

别人的老公再好，是别人的老公；其他男人再好，也不是你盘子里的菜。大多数女人都喜欢用比较的方式激励老公奋发图强，奋起直追，却忘记了男人最讨厌被拿去和其他男人比较。其实，改变男人的最好方式是夸赞，如果你想让一个男人变成你所期待的样子，那么就要按照你所期待的样子去夸赞他。日久天长，你会发现夸赞的效果非常好，能够让男人马上变得很友善，也会主动地做出改变。

记住，每个人都是被上帝咬过一口的苹果，每个人都既有优点，也有不足。当看到其他男人的优点时，不要拿自己老公的缺点去和他们的优点进行比较，而是要想到自己老公也有很多优点，这样才能获得心理上的平衡。很多女人都羡慕富豪的生活，也恨不得嫁给一个富豪老公，而在捉襟见肘的日子里对于自己老公的经济孱弱十分不满。殊不知，当初是你自己选择要坐在自行车上笑，而不要坐在宝马车里哭的。对于自己的选择，唯有无怨无悔。

作为女人，一定要知足，所谓知足常乐，也只有知足的女人才能真正收获满满的幸福。记住，老公是用来真心欣赏和崇拜的，而不是用来挑剔苛责和比较的。作为妻子，千万不要总是说别人的老公如何优秀，因为你的老公最缺少的不是一根标杆，而是妻子的支持和鼓励。

家和万事兴

有人说，柴米油盐酱醋茶是开门七件事，那么在婚姻生活中，一旦关起门来，又有哪些必不可少的事情要做呢？彼此的亲昵、缠绵，彼此的误解、争吵，这看似不相干的两种状态，恰恰是婚姻生活中最常呈现出来的状态。哪有夫妻不吵架的呢？常言道，夫妻没有隔夜仇，床头吵架床尾和。的确如此，夫妻之间既经常发生争吵，也常常和好，所以才能在哭过之后擦干眼泪，继续笑着走下去。

争吵也是一种交流的方式。很多夫妻吵架，是因为心中的很多事情不断地积累，负面情绪也在大量积累，就会以吵架的方式发泄。实际上，不定期的吵架恰恰帮助夫妻双方宣泄不良情绪，也卓有成效地改善了婚姻的状态。现实生活中，很少有夫妻能够真正做到举案齐眉、相敬如宾的。那么有相当一部分夫妻从来不吵架，是好事情还是坏事情呢？当然是坏事情。不吵架的夫妻除非沟通特别好的，其他的都是在压抑情绪，彼此之间零沟通，甚至各过各的，互不相干。然而，冷战型夫妻之间难道就没有矛盾和争执吗？有。他们的矛盾和争执都在心中，他们谁也不愿意率先说出自己的担忧和不满，最终让负面情绪始终堆积在心里，必然导致严重的后果。

情绪就像流水，总是要有一个宣泄口。每个人都会面临情绪问题，也可以说没有情绪问题的人是根本不存在的。在这种情况下，假如不给情绪宣泄的渠道，终将导致彻底井喷。由此可见，争吵对于婚姻而言是良性的互动，只要频率和激烈程度不超标，争吵甚至有利于婚姻维持良好的状态。当对婚姻有任何不满的时候，都不要憋闷在心中，即使不争吵，也可以以对方能够接受的方式说出来，这样才会起到积极的作用。

每一对相爱的男女在携手走入婚姻殿堂的时候，从未想过有一天会争吵。然而，生活是琐碎的，夫妻之间就像牙齿和舌头，相互依存，相互温暖，难免有牙齿咬到舌头的时候。当然，不管如何争吵，都要以和气为最终目的。所谓家和万事兴，如果家里闹得乱七八糟的，如何还能和和气气把家务事处理好呢？

夫妻俩吵架，一定不要较真。既然知道很多争吵都是因为不起眼的小事情引起的，就要摆正心态，端正态度，不要揪着鸡毛蒜皮的小事不放手。婚姻中，总是喜忧掺半的，既有烦恼忧愁，也有欢呼雀跃。人生的道路原本就漫长而又坎坷，夫妻之间一定要相互扶持，才能坚定不移地走好人生之路，也才能最大限度地改变生活的面貌，让生活朝着所期待的样子发展。如果把"兄弟同心，其利断金"换一种说法，也可以叫作"夫妻同心，其利断金"。家是一个小小的团队，每一个团队成员都要相互理解，相互支持，相互作为对方最坚强的后盾，这样才能拥有相亲相爱的感动和相濡以沫的人生。

当然，家庭生活从来都不是一帆风顺的，所谓"家家有本难念的经"，每个人一旦成家立业，所面对的生活就比自己一个人的时候复杂得多。很多夫妻也许已经非常努力地相处，还是无法避免争吵，还有的夫妻更是陷入"七年之痒"的困境中，怎样看对方都觉得不顺眼。在这种情况下，家庭和睦似乎成为一个遥远的梦想，可望而不可及。这样的夫妻一定忘记了一个道理——家是讲情的地方，不是讲理的地方。家人与家人之间除了相互尊重和深爱之外，更要包容、理解和

欣赏对方，才能真正发自内心地接纳对方。爱和自由，是每个人对于家至高无上的理想，唯有把家打造成温馨的港湾，才能让家人不管走多远，都心念着家，哪怕万里迢迢也要回家中。

九

清空自己，让心杯中装满正能量与好情绪

人的心就像是一个容器，如果装满了负能量和消极情绪，就再也容纳不下正能量与好情绪。一个人要想积极乐观向上，就要随时随地清空自己，消除心中的负面情绪和消极思想，从而让心腾出空间，装满正能量与好情绪，也给予自己正向的力量。

不自卑，让人生扬起自信的风帆

　　自卑是与乐观相反的情绪状态，自卑的人实际上在性格上是存在缺陷的。很多自卑的人表面上看起来与乐观的人无异，但是到了关键时刻，他们就会做出怯懦的选择，也使得自己此前的所有努力都功亏一篑。自卑者常常与失败结缘，这并不意味着他们对于失败有强大的承受能力，相反，他们总是不堪忍受失败的打击，甚至因为一次失败就能让自己陷入困境之中无法自拔。哪怕是一次小小的失败，对于他们而言也像是遭遇了灭顶之灾，不断地逃避失败，他们变得越来越脆弱，非但无法从失败中汲取经验和教训，还因为失败而一蹶不振。

　　心理学家经过研究证实，成功者都非常自信，总是能让自己的内心扬起成功的风帆，也能够最大限度地发掘自己的潜力，让自己踩着失败的阶梯不断前进，持续进步。而自卑者呢，哪怕遇到小小的挫折都会深受打击，他们迫不及待想要逃避失败，也因为失败而感到心力憔悴，这样自然没有力量继续支撑下去，也会让自己在生活中更加怯懦和退步。严重自卑者为了避免失败，还会逃避竞争。殊不知，这样他们虽然躲过了失败，却也失去了成功的可能性，因而彻底与成功失之交臂。

　　人生总是充满着无数可能性，每个人都要成为人生的勇敢者，这样才能不遗余力，勇往直前。尤其是当发现自己出现自卑的苗头时，就要及时清除自卑的情绪，而不要任由自卑侵蚀自己的心灵。常言道"知耻近乎勇"，就是告诉人们每个人唯有从失败中崛起，才能得到更强大的精神力量，也才能真正以失败为母，缔造成功。

刘军和左晖同在一家大型连锁超市工作。近来，公司里要举行内部竞聘，选择一个人来担任超市的总经理。为此，基本符合条件的同事全都踊跃报名，希望借此机会改变自己的命运，刘军和左晖也在其中。

经过好几轮激烈的竞争，刘军和左晖最终以出色的表现胜出，但是总经理只能有一个人，为此公司高层决定再对他们进行最后一轮考核，选择各方面最优秀的人担任总经理。最后的环节是高层人员对他们进行面试。在这个环节，原本各个方面都和刘军不相上下的左晖，表现却很差。对于高层咄咄逼人的提问，左晖并非不知道如何解决问题，但是他出身贫苦，家境贫寒，为此他的骨子里有一股自卑。正是这股自卑让左晖仓促应战，回答问题的时候磕磕巴巴，根本没有成为领导者的气势。相比起左晖，家境优渥的刘军则表现很好。他气定神闲，从容不迫，对于面试者提出的任何问题，都能从容应对。在经过综合考量之后，高层管理者一致决定提升刘军为超市的总经理。

骨子里的自卑，会让人在关键时刻表现得紧张局促，根本不能从容地应对各种情况。正是因为这样的自卑，左晖才会失去这次千载难逢的好机会，也让自己此前的努力功亏一篑。其实，左晖完全没有必要因为自己出身贫寒就非常自卑，因为他的家境不会影响他的成就，他的努力才能最终决定他的未来。

每个人要想彻底打败自卑，就要坚持反省自己、尊重自己、审视自己的内心，而不要任由自卑的负面情绪侵蚀自己的心灵。真正的勇敢者不是初生牛犊不怕虎，

更不是不明白何为恐惧和胆怯，而是明明知道自己有可能遭遇失败，也清楚地意识到自己面临的困境，却依然勇敢无畏、勇往直前。和胆怯、懦弱相比，失败的感觉并不是最糟糕的，最糟糕的是根本不相信自己获得成功，也根本不愿意真正地崛起，在人生中审视自己、直面自己。自卑者不但不敢面对外界，也不敢面对自己，这导致自卑和失败就像是一对孪生兄弟，而只有自信者才有可能获得成功。

　　自卑的人还常常因为各种各样的事情而陷入焦虑不安、患得患失的情绪中。他们即使遭遇小小的坎坷和挫折，也会马上怀疑自己。与他们恰恰相反，自信的人哪怕遭遇很多的挫折和打击，也依然能够鼓起勇气勇往直前，不到最后一刻绝不轻易放弃。每一个想要获得成功的朋友，都要鼓起百倍的信心和勇气战胜自卑，才能攀登人生的巅峰，收获人生的辉煌和至高无上的成就与荣誉。

知足常乐，人生才能笑口常开

现代人都很不快乐，不是因为他们得到的太少，而是因为他们奢望的太多。当陷入欲望的深渊，他们如何才能以更轻松快乐的心态面对人生，又如何能够在生命的历程中享受幸福和快乐呢？欲望和人生的幸福度是呈反比的。事实证明，欲望越少，人越容易获得幸福，而欲望越多，人越容易被欲望束缚着艰难求生。

欲望是永无止境的，就像无底深渊一样，永远也探不到底。对于欲望深重的人而言，即使满足了一些欲望，也马上会生出新的欲望，这样欲望无休无止，永远不可能真正得到满足。知足的人则不同，他们尽管有欲望，却能够为自己的欲望划定界限，不让欲望无限度地扩张。他们在满足自己的欲望之后，很快就能获得满足，也收获心灵上的平静。他们从来不会把名利看得太重，很清楚自己想要得到什么。正因为坚守自己的内心，创造自己的人生，他们才不会盲目与他人攀比，更不会让嫉妒之火在自己心底熊熊燃烧。为此，知足的人往往心平气和，心态平和，也往往拥有简单快乐的生活。

知足的人对生活常怀感恩之心，他们感谢亲人朋友的陪伴，感谢自己拥有的一切，也感谢所有在他们生命中出现的人和事情。知足的人还很善于安排生活，富有生活情趣，哪怕是一粥一饭，他们也吃得津津有味，哪怕是生活中的很多苦难，他们也从容应对，绝不怨声载道。所以他们才得到幸福的青睐，也始终与快

乐常相伴随。

很久以前，有个农民快乐地生活在非洲辽阔的大草原上。尽管他的生活很苦，物资匮乏，但是他却很满足。直到有一天，农民从别人口中得知非洲盛产钻石，只要能找到一些钻石，就可以换来很多金钱，彻底改变命运。当天晚上，农民就无法酣然入睡了，而是在床上辗转反侧，脑海中满是钻石。思来想去，农民决定卖掉他的农场，背上行囊去遥远的地方寻找钻石。他走遍了整个草原，也找遍了非洲的每一个角落，却没有看到钻石的踪迹。最终，他花光了所有的盘缠，觉得心力憔悴，甚至万念俱灰。他跳到河里想要自杀，可惜死神对他还不感兴趣呢，路过的人把他救活了。

既然在外面无法生存下去，他只好一边乞讨，一边朝着家乡走去。整整过了一年，他才回到家乡，回到他曾经生活了几十年的农场。新的农场主正在清澈的溪流边洗菜呢，菜是农场自产的，看起来非常新鲜，带着泥土的芬芳。就在农场主的脚下，一块硕大的钻石熠熠闪光，农民仔细看去，溪流的浅滩上和水底，都是或大或小的钻石。他简直欣喜若狂，但是马上又感到万分沮丧。因为这条溪流在农场里，现在已经不属于他了。

很多时候，不知足的人根本看不到自己拥有什么，也对于自己拥有的一切习以为常，丝毫不看在眼睛里。实际上，他们已经获得了很多，只是因为他们太贪婪，才对于自己所有的一切都丝毫不知足，也根本看不到而已。最重要的在于，要知足，才能看到身边的风景，才能打开心扉，接纳自己和这个世界。

知足常乐，知足的人得到的不仅仅是自己农场里唾手可得的钻石，更是生活中的安然和幸福。朋友们，如果你想得到幸福，就一定要从此刻开始降低自己的欲望，不要总是被欲望裹挟，在人生之路急匆匆地往前走。否则，你不但将会错过太阳，也会错过生命中闪烁的群星，导致自己的人生变得贫瘠而又苍白，也导致自己的生命变得单薄且缺乏力量。厚重的人并不在于拥有多少，而在于他们的心如同海绵吸水一样，总是能从生命的各种经历中汲取养分，也从来不放弃对于生命的任何感悟和感知。

要想知足常乐，还要保持一颗平常心。现实生活中，很多人都被身外之物所累，也常常会受到各种各样的诱惑，让自己迷失在金钱物质和名利权势之中。其实，这些让人趋之若鹜的东西都是身外之物，都是不值得去苦苦追求的。要想拥有充实快乐的人生，就要保持平常心，才能坦然面对人生中的一切艰难困苦，卓有成效地拓宽人生的天地，给予自己更大的发展空间，给予人生更多的可能性。

吃亏是福，失去也是得到

生活中，有很多人都会犯"一朝被蛇咬，十年怕井绳"的错误。他们因为无意间的失误，就对很多事情都产生了忌惮之心，宁愿失去成功的机会，也不愿意承受失败的风险，最终一切可能都失去了。不得不说，这种因噎废食的做法是不值得提倡的。其实，即使真的遭遇失败，让自己失去很多，又何尝不是一种得到呢？至少在失败的过程中，能汲取经验，也让自己得到教训，这样，人生当然可以踩着失败作为阶梯，一步一步地前进。

所谓金无足赤，人无完人，在这个世界上，没有人不会犯错误，也没有人不是在错误中成长。相反，那些从来不犯错的人，则很难得到机会提升和完善自己，这也使得他们在故步自封中失去成长的机会，人生变得越来越局促。

吃亏分为两种，一种是主动吃亏，一种是被动吃亏。通常情况下，人们所说的吃亏指的是被动吃亏，而如果能够了解吃亏是福的道理，做到主动吃亏，则人生就会上升到一个层次。主动吃亏，是有意识地放弃。很多时候，放弃和得到之间是可以相互转化的，放弃也是一种得到。放弃之后，得到了豁达，得到了从容。真正明智的人会选择放弃，就像他们尽管有着顽强的毅力，却从来不会固执己见一样。这样的放弃是主动的，也是有目的的，更是为了集中所有的精神和力量做好某一件事情。对于这样的放弃，也许会感到可惜，却不会觉得心痛，因为收获还在后面呢！

有人说，人生就是一个错误连着一个错误，还有人说人生就是接二连三地选择。的确，人既不能防止自己犯错，也不能保证自己在每个选择中都做出正确的决断。既然如此，最重要的是做出权衡，知道自己真正想要的是什么，也懂得自己人生中不能舍弃的是什么。唯有如此，生命才能繁花似锦。

战国时期，有一位老人居住在遥远的边塞，主要从事贩卖马匹、养马的生意。为此，在边塞来来往往的很多人都从老人手中购买过马匹，渐渐地，大家都称呼他为塞翁。塞翁除了贩卖马匹之外，还养了很多马。有一天，有一只马丢失了，在当时，马匹是很贵重的财产，听到塞翁承受了这么大的损失，很多热心的邻居都赶来安慰塞翁。塞翁看到邻居们，笑着说："没关系，只是丢了一匹马而已，说不定还是好事情呢！"大家都以为塞翁一定是善心糊涂了，丢了一匹马居然还说是好事情，明显是为了安慰自己。

没过多久，塞翁丢失的马回来了，还带回来一匹胡人的骏马。看到塞翁平白无故得到一匹骏马，大家不免想起塞翁当初说丢马也许是好事的话，因而都纷纷赶来祝贺塞翁，还有的邻居对塞翁竖起大拇指，说塞翁真是料事如神。不想，在邻居们的热烈庆祝中，塞翁反而愁眉不展，说："没有花费任何财力就得到一匹马，这可不是好事情，只怕会招来祸患呢！"听到塞翁的话，大家都开始议论纷纷，都说塞翁是得了便宜还卖乖，是故弄玄虚。

塞翁的独生儿子特别喜欢骑马，自从有了这匹胡人的骏马，他就对家里的马都看不上眼了，而是整日骑着骏马在集市上闲逛游玩，心中很是得意呢！然而，有一天骏马在集市上受了惊吓，狂奔不已，把它的小主人从马背上甩了下来。塞翁的儿子摔断了腿，不得不整日躺在床上养伤。得到这个坏消息，邻居们赶紧来

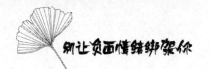

安慰塞翁，塞翁却说："虽然摔断了腿，却没有性命之忧，这是莫大的福气呢！"大家都觉得塞翁一定是精神错乱了，才会对唯一的儿子摔断腿的事情都不放在心上。过了没多长时间，匈奴入侵，村子里的所有男性都应征入伍，唯独塞翁的儿子因为腿部的残疾幸免于难。后来，很多年轻人都战死沙场，塞翁却在儿子的陪伴下安享晚年。

"塞翁失马，焉知祸福？"事例中的塞翁并非如同大家所想的那样能够预见很多事情的发展，而是因为他深刻地明白吃亏是福的道理。当然，塞翁是在承受命运一波三折的打击。作为现代人，生活在和平年代，衣食无忧，也可以掌控自己的人生，就更应该调整好心态，从而才能让自己理性地面对未来，也把失去转化为人生中的收获，从失去之中汲取更多的经验和教训，让人生更从容不迫，勇敢向前。

不可否认，面对得到和失去进行选择是很难的。很多人往往非常贪心，对于任何东西都觉得很好，都想要得到。不都不说，这样的情况越是拖延得长久，越是会失去最佳的解决时机，从而导致自己在不停抉择的过程中患得患失，焦虑不已。

要想让自己选择的时候更加从容果断，就要倾听自己内心的声音，从而遵循直觉去选择。现实生活中，很多人在思考问题的时候都会犯与现实脱轨的错误，有的时候还会盲目地采纳他人的意见和建议，而忽略了自己的真心。此外，每个人都不是完全自由的，而是受到外界很多事情的束缚和困扰，所谓的自由也是相对的，是在规则之内的自由，是在限定之内的自由。既然如此，除了尊重自己的本心，还要顺从自己的喜好。归根结底，人活着是为了很多事情，也是为了自己。只要不伤害他人的利益，只要不影响人生大局，得到或失去又有何妨呢？

坚决果断，把握人生机会

很多人都有选择恐惧症，他们在面对选择的时候，往往犹豫不决，也在不断拖延的过程中错失良机，导致失去了解决问题的最佳时机。不得不说，拖延对于解决问题是没有任何好处的，因为很多问题在发生之初往往更有利于解决，而一旦拖延的时间过长，就会导致问题恶化，情况变得更糟糕，就得不偿失了。因而在做出选择的时候，既不能仓促忙碌，导致手忙脚乱，也不能拖延太久，导致良机尽失。

很多人难以做出选择，是觉得大凡选择总是有利有弊。其实，任何选择都不可能是十全十美，只有胜算，而没有负面影响的。很多喜欢炒股的朋友都知道，高收益伴随着高风险，任何事情都不可能只有好的结果，而没有坏的结果。既然要选择，就要做好准备承担一切的风险，这样才能更加坚决果断，从容把握人生的机会。

对于选择恐惧症的人而言，生活也是很痛苦的。例如，有的人买一件衣服，为了选择不同的颜色，也会犹豫很长的时间，最终也没有决定。对于选择恐惧症患者而言，不管购买大小物件，他们同样会很纠结，可想而知，他们的人生要白白浪费多少时间在选择方面。要想改变选择恐惧状态，还应该拥有自己的主见，不要凡事都依赖他人，也不要过多地征求他人的意见。因为听到的不同声音越多，

选择恐惧症患者的恐惧症状就会变得越严重。所以说，父母不要要求孩子从小就听自己的，而要培养孩子独立自主的个性。很多父母一味地要求孩子听话，却不知道听话的孩子也许小的时候好管教，等到长大成人了，却因为没有独立的主见，面对选择时总是进退两难，根本无法自立自强。

此外，每个人还要有魄力。有魄力的人才能在关键时刻拥有决断力。正因为如此，他们浑身都散发出魅力，也因为成功的决策经验，而变得更有自信，更从容果断。很多千载难逢的好机会都是转瞬即逝的。一旦错过机会，也许就失去了发家致富的可能，甚至失去了扭转人生局势的可能。其实，机会并非只给有准备的人，也给那些勇敢、有魄力、敢于决断的人。

希腊船王奥纳西斯特别有主见，而且有决断，有魄力。当很多人对于重要的事情都无法明确做出选择时，奥纳西斯却能够当机立断做出选择。1929年，全球金融危机，很多工厂接连倒闭，奥纳西斯从事的海上运输业也前景低迷。当时，加拿大国有铁路公司决定拍卖他们所有的船只，价格非常低。铁路公司要拍卖的六艘船原本价值两百万美金，现在每艘船却只要两万美金，总价十二万美金。和原价相比，现在的价格真的非常便宜，但是在海上货运业务都已经停止的行业背景下，很多人都不敢出手购买。

得到消息后，奥纳西斯非常感兴趣，他相信这是个千载难逢的好机会。尽管朋友们都不愿意和奥纳西斯一起吃进这批船，但是奥纳西斯却力排众议，独自买下了这六艘船。等到经济危机之后，海上运输业也快速恢复活力。奥纳西斯购买的那些船只价格也水涨船高，在这样的情况下，他理所当然成为海上霸主，赚得盆满钵满，也一跃成为海上运输行业的龙头老大。朋友们都羡慕奥纳西斯简直白白捡到了六艘船，但是回想起曾经的情形，他们也很清楚是他们的胆小怯懦和犹豫不定，使他们与这样千载难逢的好机会失之交臂。

奥纳西斯之所以能够取得成功，就是因为他勇敢、有魄力，所以才能在经济最低迷的时候，大手笔购进六艘船。尽管六艘船的总价格甚至不抵平日里半艘船的价格，但是在那样的经济背景下，奥纳西斯的做法依然需要决绝的勇气和让人钦佩的魄力。

每个人要想让自己有魄力，就要选择在正确的时间做正确的事情。毋庸置疑，要做出正确的决断，首先，要增加自己的经验，拓宽自己的知识面，这样才能保证快速思考，准确判断，最终做出正确的选择。很多人之所以在面临选择的时候总是迟疑不定，就是因为他们缺乏自信，也没有足够的底气坚持己见。所以人人都要坚持学习，在平日里就有意识地拓宽自己的知识面，这样才能在熟悉的领域中发挥所长，也才能真正体现出个人的决断力和魄力。

其次，要想提升决断力，还要增强判断力。对于稳赚不赔的生意，没有人不愿意干，很多人面对一件事情之所以迟疑不定，就是因为不懂得如何平衡自己的内心，也不知道事情未来的发展如何。如果有超强的判断力，对于自己的决断深信不疑，这样的迟疑和犹豫就会消失，也就能够抓住转瞬即逝的机会证明自己的能力，获得收获。

宽容忍让，是人生美德

古人云"小不忍则乱大谋"。意思是说，一个人如果不懂得忍耐，很快就会在人生之中闯下祸端。忍耐，不仅仅指的是忍让别人，也指的是要忍受命运的折磨与考验。"天将降大任于斯人也，必先苦其心志，劳其筋骨，饿其体肤"，这句话告诉我们所有能够成就大业的人，并不是因为在人生中有好运气，而是因为他们在命运的挫折和磨难之前，始终坚持不懈勇往直前，不到最后时刻绝不轻易放弃。

当然，现代社会把人际关系提升到前所未有的高度，也把人脉资源视为最重要的资源之一。在人际交往中，每个人也要学会忍耐，毕竟一个人不可能对自己遇到的所有人都很喜欢，反之，一个人即使再努力也不可能得到所有人的喜欢。所以每个人都要忍耐，这样才能理解和包容他人，也才能建立良好的人际关系，为自己经营好人脉资源。

尤其是在现代职场上，人与人之间总是面对着很多竞争关系，也常常会因为利益之争而陷入彼此对立的局面中，发生各种各样的矛盾。在这样的矛盾之中，一定要更加宽容忍让，才能尽量圆满地解决问题，否则当被愤怒情绪控制住，也陷入冲动之中，则往往会导致问题朝着更糟糕的方向发展。退一步海阔天空，忍一时风平浪静，劝解人们要开阔心胸，不要因为各种各样的小事情就与他人发生争执，甚至争执不休。

要想让自己变得更加宽容忍让，首先，要开阔心胸，不为各种琐事计较，也不为各种利益而与他人纷争。当心胸变得博大，天地也会变得宽阔起来，一个人也因为心胸开阔，而在与他人相处的过程中懂得宽容，更加理性。

其次，还要开阔眼界，不要总是把目光盯着眼前的利益上。有人说，眼界决定人生的高度，这句话是非常有道理的。不得不说，一个人如果一辈子都生活在闭塞的世界里，则永远也不可能成功地跳出生活的怪圈，更不可能让人生充实和辉煌。

古时，有一个老禅师，每天晚上都会在禅院里散步。有一天，老禅师散步的时候，发现有一张椅子摆放在墙角处，隐蔽得很好，不认真看根本看不到呢！老禅师不动神色，暗暗想道："肯定是有人贪玩，踩着椅子爬出院墙，去山里玩耍了。"这样想着，老禅师悄无声息地把椅子搬开，然后蹲在原本摆放椅子的墙角处，安安静静地等待着。

足足过去两个钟头，果然院墙外传来了脚步声。有个小和尚从墙头外面翻进来，由于天色太黑了，他没有看到椅子已经被搬走了，更没有看到老禅师，因而就踩着老禅师的背当台阶，跳到院子里。小和尚才刚刚站稳，就发现自己刚才踩的是老禅师，不由得大惊失色。原本，他以为师父会重重地责罚自己，没想到老禅师不但没有责怪小和尚，反而关切地对小和尚说："天冷了，容易着凉，快回禅房里暖和暖和吧！"小和尚惊讶极了，也感动不已，回到禅房之后，他把事情的经过讲给师兄师弟们听，此后大家再也不翻墙出去玩耍了。

常言道"海纳百川，有容乃大"。大海之所以能够容纳百川，就是因为大

海地势比较低，而且胸怀博大。做人也要和大海一样，拥有博大的胸怀，也最大限度地宽容他人，这样才能真正地征服他人的心，也得到他人的真心和衷心。

　　宽容不但在人际相处中起到重要的作用，也是一种胸襟博大的表现。宽容的人很淡然，从来不为在人生中争取什么而烦恼。宽容的人也很想得开，更不会与他人陷入毫无意义的比较之中。会更多地记得他人的好，而把他人的不好都统统忘记。宽容的人在看到他人成功时，会真心诚意地祝贺他人。宽容的人自己也心境平和，绝不陷入患得患失的焦躁不安之中，从而安然享受生命的美好与安宁。真正宽容的人，他们的人生也必然是开阔的，他们的未来也必然是辽阔高远的。

成熟的麦穗总是低下头

如果你曾经看过丰收前的麦田，你一定会被沉甸甸的麦穗所吸引，它们是那么谦逊地低着头，用深沉的目光注视着养育它们成长的土地，似乎一切深情都在不言不语之中。然而，在没有成熟之前，麦穗并不是这样的姿态。它们是空的，直直地指向天空，似乎在诉说着心中的不满。这岂不是和人一样吗？在年少的时候轻狂，但随着年纪的增大，变得谦逊，也绝不随随便便就自我标榜。当然，成熟也并不是以年纪为标志的，很多成熟的麦穗中也会掺杂几个干瘪的麦穗，它们依然直指天空。很多看似已经年纪不小的人，也并非真正的成熟，而常常在看似成熟的外表下有一颗幼稚单纯的心。只有经历生命的历练，也积累更多的人生经验，人才会真正长大和成熟，也才能在人生的过程中留下一步步的脚印。

现代社会，做人虽然不能一味地追求圆滑，但是太过锋芒毕露也是不可行的。刚直不阿的人也许适合在赞歌中讴歌，却不适合当成现实生活中的朋友相处。在社会生活中，如果人人都像是棱角分明的石头，又如何最大限度地建立良好的人际关系，让自己拥有丰富的人脉资源呢？常言道"一分耕耘，一分收获"。即使在人际相处方面，也是付出多少，就收获多少，绝无投机取巧的可能。

实际上，人际相处并没有我们所想象的那么难。不管是在现实生活中，还是在竞争激烈的职场上，人们只要做到谦逊有礼，不锋芒毕露，就能最大限度地与

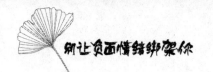

他人之间建立良好的关系，与他人愉快相处。

很久以前，在一个池塘旁边，长满了芦苇，池塘的岸边，还有几棵参天大树。风和日丽的日子里，大树努力地向着天空伸展，它们想长得更高，想真正接近天空，靠近太阳。每当这时，芦苇就会羡慕地对大树说："你们可真高大啊，从我这里望去，你们简直要刺破天空了。"大树骄傲地回答："当然，只有长得又高又直，才能成为栋梁之材。"芦苇就更加仰视大树，眼睛里写满了崇敬。

有一天下午，突然狂风大作，天昏地暗。一阵狂风刮过来，大树被拦腰折断，而柔韧的芦苇呢，却因为顺着风势摆动，最终躲过一劫，安然无恙地站在风中摇摆。

做人，应该审时度势，尽管不要成为两边倒的墙头草，也要根据事情发展的实际情况，采取合适的策略，这样才能面对外界发生的一切，也才能以最柔韧的力量圆满地解决问题。就像事例中的大树，因为太过坚硬和挺拔，导致被狂风折断。也许在天气晴好的日子里，大树是芦苇的榜样，而在恶劣的环境中，随风飘摇的芦苇却能保存实力。

很多人以为越是坚硬的东西，越不容易被折断。实际上，这样的想法是错的。越是坚硬的东西，越是脆性大，因而更容易被折断。反而是那些柔软的东西，更加不容易被折断，也能够在压力消失之后，很快恢复原来的样子。从这个角度来说，一个真正成熟且睿智的人，会在必要的时候展露出锋芒。尤其是在职场上，有一些人做人做事都坚持原则，从来不懂得变通，对于事情的判断非黑即白，因而很容易把事情变得糟糕，导致事情朝着完全相反的方向发展。且不说生活中并没有那么多的原则性问题，而且对于每个人而言，过于较真更会导致生活一塌糊涂。正如郑板桥所说的"难得糊涂"，其实这里所指的糊涂不是真糊涂，而是在必要的情况下假装糊涂，是自己给自己台阶下，也有意识地顾全别人的颜面。

一个人不管在社会生活中处于哪个层次，都要尽量低调，谦虚做人。古人云"木秀于林，风必摧之"，现代社会的人们也常说"枪打出头鸟"，这些民间俗语都在告诉我们低调做人和做事的道理。记住，谦虚低调，不但是做人的智慧，更是难得的品质和气度。

相信自己，是独一无二的

前文我们就曾经说过，每个人都是这个世界上独一无二的存在，都是无可替代、无法模仿的。因而，我们既无须企图模仿他人，也无须企图套用他人成功的经验。每个人最大的成功就是做真实自然的自己。

众所周知，哈佛大学是世界顶级学府，全世界各个国家的莘莘学子，都以能进入哈佛求学为骄傲。哈佛大学为何能在世界大学之中拥有如此高的地位呢？并不是因为哈佛曾经出过几十个诺贝尔奖的获得者，也不是因为哈佛学子中曾经有七个人当上了总统，而是因为哈佛坚持以人为本的办学理念，能让每一个进入哈佛的学子都找到自己的人生位置，真正散发出属于自己的光芒。有一位名人曾经说过，垃圾是放错了位置的宝藏。的确，当给垃圾找到正确的位置，它们也许就能废物变成宝物，也就能实现自己的价值和意义。同样的道理，如果人把自己放错了位置，结果又会如何呢？他们无法发挥自己的价值，也无法实现人生的意义，就这样在浑浑噩噩和懵懂无知中浪费了生命。所以对于一个人而言，最可怕的不是在人生之中遭遇困厄，而是找不准自己的位置，导致自己的青春时光和才华能力都白白浪费掉了。

现实生活中，每个人都有自己的优势和特长，既无须羡慕他人的优点，也不要盲目鄙视他人的缺点。只有客观公正地认知自己，才能做到不卑不亢，成就独一无二的自己。很多人都抱怨命运不公平，却不知道命运从来都是公平的，如果它给一个人关上一扇门，还会给那个人打开一扇窗。正是在这样的过程中，人才不断地经历，持续地成长，最终找准自己的位置，发挥自己的光和热，创造属于自己的辉煌。

很久以前，有一位伟大的哲学家在哲学方面造诣很高，对于人生也有与众不同的感悟。随着时光的流逝，哲学家越来越老，他一直想找一个人来继承自己的衣钵，却始终没有找到合适的。思来想去，他把目光转移到助手身上，暗暗想道：助手一直陪着我进行各种研究，对于我的学术思想也是最了解的，由他来继承衣钵最合适不过。然而，哲学家还想考验助手，为此把助手叫到面前，对助手说："我需要一个聪慧的传人，他必须顽强有毅力，坚毅有勇气，还要很勤奋，认可我的学术观点……"助手连连点头："放心吧，老师，我就算踏破铁鞋，也要给您找到这样的人。"说完，助手就开始想方设法为老师寻找传人。

时间一天天过去，哲学家的气息越来越微弱，眼看不久就要离开人世了。在此期间，哲学家虽然带回来很多优秀的人才，但是都入不了哲学家的法眼。为此，助手愧疚地对哲学家说："对不起，老师，我没有找到您想要的人。"哲学家奄奄一息地说："其实，你找到的人都不如你……"助手这才恍然大悟，了解了哲学家的心思，可惜为时晚矣。助手向老师道歉，也为自己错过了千载难逢的好机会而懊悔不已。哲学家语重心长地对助手说："你要看到自己的价值，也要相信自己是优秀的……"哲学家离开了人世，助手却始终活在愧疚之中无法自拔。

助手之所以遍寻天下的有才之士，却从没有想到自己身上，就是因为他把自己放在了阴影之下，完全把自己排除在外了。这样一来，他看不到自己，如何还

能想到自己就是最合适的继承人呢？可惜，生命的流逝是无法挽回的。对于哲学家而言，他至死也没有找到优秀的传人，而对于助手来说，则错过了生命之中最宝贵的机会，也因为愧对老师的信任和托付而懊悔不已。

很多人都不自信，所以他们更愿意比较，想通过与他人的对比来证明自己。殊不知，在与他人对比的过程中，他们更加失去自信，甚至变得更加自卑。记住，任何人都不要拿自己的优点与他人的缺点比较，否则就会妄自尊大。也不要拿自己的缺点与他人的优点相比较，否则就会妄自菲薄。记住，每个人都是一座真正的宝藏，都蕴含着巨大的潜能。与其浪费宝贵的时间与他人进行毫无意义的比较，不如最大限度地挖掘自身的力量，成就自己。你想成为这个世界上独一无二的宝藏吗？从现在就停止比较，开始努力吧！在不断拼搏和奋斗的过程中，你才会发现自己的人生拥有无限的可能性，也会发现自己通过努力拥有了更多积极正向的力量，给予人生强大有力的支撑。

后 记

从新生命呱呱坠地开始，情绪就伴随着他们不断地成长。他们从只会以哭泣的方式表达自己的基本需求和情绪状态，到学会微笑，学会体验更加复杂的感情，尝遍人生的喜怒哀乐。在此过程中，他们不断地成长，也渐渐地成熟起来。

有的人把情绪理解为心情，有的人把情绪理解为脾气，这些理解都是有道理的，因为情绪问题与心情、脾气密切相关，是你中有我、我中有你的状态。针对脾气，很多人都自诩脾气不好，却不愿意真正调整脾气，改变自己。不得不说，这样的状态是很糟糕的，因为在这个世界上，除了父母之外，没有任何人会宽容地接纳你的脾气。所以朋友们，当意识到自己脾气不好的时候，一定要第一时间努力控制好脾气，这样才能避免因坏脾气伤及无辜。

对于脾气，曾经有位名人说过："下等人，脾气暴躁而没有本事；中等人，适度控制脾气而且也有本事；上等人，完全控制脾气而且本事很大。"有谁想成为只有脾气没有本事的下等人呢？人人都不想。那么就要通过调节情绪的方式，控制好自己的脾气，而不要让自己在脾气失控的状态下智商为零，也授人以笑柄。

很多内心空虚、缺乏自信的人会通过发脾气的方式来震慑他人，殊不知，这样外强中干的方式非但无法真正赢得他人的认可和尊重，而且会导致事与愿违，使自己被嘲笑。如果说现代社会竞争激烈，奉行弱肉强食的原则，那么你就要以真正的实力为自己代言。常言道"有理不在声高"，尤其是在与他人产生矛盾发生争执的时候，真正有涵养的人会努力控制好自己的声调和声量，做到以理服人，而不是以虚张声势来吓唬人。

　　当然，负面情绪也并不是洪水猛兽，我们完全无须过分紧张和抗拒负面情绪。人是感情动物，人人都有情绪，尤其是在社会生活中，不同个性的人相处，发生矛盾和摩擦是正常现象。只要调整好心态，找到情绪失控的根源，就能有的放矢控制好自身的情绪，及时疏导不良情绪，这样情绪就会大大好转。管理好自己的情绪对于自制力差的人是很难做到的事情，但是当自制力得以提升，就很容易管理好情绪。

　　负面情绪不仅会伤害别人，也会伤害自己。心理学家经过研究发现，当人长期处于负面情绪的困扰中，就会失去自信，变得越来越自卑和自闭，也会导致与外界的相处和信息交换出现问题。如此他们就进入恶性循环，导致情绪更差，一切变得更糟糕。既然负面情绪是根源，我们当然要从根源入手，让自己的情绪进行良性循环的状态。有人说，每个人眼中所看到的世界，其实是世界折射在我们心中的样子。既然如此，为何要让阴郁的情绪抹黑整个世界呢？当心变得明媚，我们所看到和感知到的世界也会明媚起来，所以我们一定要努力调整好情绪，掌握各种疏导和发泄情绪的技巧，及时宣泄负面情绪，让自己的心更轻盈、更美好。